Linux操作系统基础与应用

主　编　杨　剑　付　雯　张呈宇
副主编　罗太勇　王　波　赖　波

北京理工大学出版社
BEIJING INSTITUTE OF TECHNOLOGY PRESS

内容简介

本书根据企业 Linux 工程师的实际工作背景，结合职业学生的学习特点、Linux 网络操作系统职业应用背景组织教学内容，在保持知识先进性的同时，注意降低学习难度，以激发学生的兴趣。本书内容包括 Linux 操作系统的安装和基本配置、常用服务的配置和使用两部分，涵盖企业情境所需的方方面面，可以让读者快速融入日常工作。同时，情境设计注重了“还原真实、精简知识、理实一体、操作明晰”的原则。

本书适合作为院校计算机相关专业讲授 Linux 网络操作系统知识的实用教材，同时，也适合想要学习 Linux 网络操作系统知识与技能的广大读者阅读。

图书在版编目（CIP）数据

Linux 操作系统基础与应用 / 杨剑，付雯，张呈宇主编. -- 北京：北京理工大学出版社，2021. 11
ISBN 978-7-5763-0739-9

Ⅰ. ①L… Ⅱ. ①杨… ②付… ③张… Ⅲ. ①Linux 操作系统-高等职业教育-教材 Ⅳ. ①TP316. 85

中国版本图书馆 CIP 数据核字（2021）第 257073 号

出版发行 / 北京理工大学出版社有限责任公司
社　　址 / 北京市海淀区中关村南大街 5 号
邮　　编 / 100081
电　　话 /（010）68914775（总编室）
（010）82562903（教材售后服务热线）
（010）68944723（其他图书服务热线）
网　　址 / http：//www. bitpress. com. cn
经　　销 / 全国各地新华书店
印　　刷 / 定州市新华印刷有限公司
开　　本 / 889 毫米×1194 毫米　1/16
印　　张 / 11
字　　数 / 225 千字
版　　次 / 2021 年 11 月第 1 版　2021 年 11 月第 1 次印刷
定　　价 / 65.00 元

责任编辑 / 张荣君
文案编辑 / 张荣君
责任校对 / 周瑞红
责任印制 / 边心超

图书出现印装质量问题，请拨打售后服务热线，本社负责调换

PREFACE 前言

Linux是一种开放源代码的免费操作系统。自它诞生以来，在全世界Linux爱好者的共同努力下，其性能不断完善，具有稳定、安全、网络负载力强、占用硬件资源少等技术特点，得到了迅速推广和应用。它已发展成为当今世界的主流操作系统之一。

本书是一本工作过程导向的工学结合教材，选取了最新版本的CentOS 7网络操作系统，对企业中最常用到的技能进行取材和项目情境设计，主要内容包括选择适合的网络操作系统、在虚拟机上安装CentOS Linux、使用命令行方式进行操作系统管理、操作系统基本配置管理、理解服务器和服务器软件、配置DNS服务器和DHCP服务器、配置Web服务器、搭建LAMP应用环境，体现了“学中做、做中学”的职业教育理念，实践性强，信息量大。读者通过对本书的学习，可以掌握工作必备的实用技能。

本书的每个项目在任务开始之前均设置了“项目导入”“项目分析”“能力目标”和“知识目标”，使学生在任务动手之前即有对相关知识点的详细讲解。每个任务设置了“知识储备”和“任务实践”，其中“知识储备”列出了完成任务需要具备的理论知识，“任务实践”均源于实际工作经验，强调工学结合和专业技能培养实战化。在专业技能的培养中，突出实战化要求，贴近市场，贴近技术。每个项目之后均安排有一个上机实训，帮助学生感性理解和消化所学知识。

本书内容翔实、图文并茂，主要面向计算机专业类的学生及学习Linux的初中级用户，采用由浅入深、循序渐进的讲述方法，使读者能直观、系统地了解Linux系统的安装和基本配置，以及常用服务的配置和使用，并将所学知识尽快地运用于实践。

本书作者通过多年的教学实践及对职场岗位需求的实际了解编写了本书，编写过程中参考了一些经典著作，在此一并表示感谢。

由于作者水平有限，书中难免存在疏漏和不足之处，恳请专家和广大读者批评指正。

CONTENTS 目录

项目1 Linux操作系统的安装和基本配置

项目2 常用服务的配置和使用

PROJECT 1 项目1

Linux操作系统的安装和基本配置

项目导入

小刘作为某公司的网络管理员，其中一项工作任务就是负责管理和维护公司的网站。要发布网站，他需要先安装一台服务器，作为网站的基础运行平台。经过分析，他选择了安装 CentOS 网络操作系统，并在 VMware 虚拟机上额外安装一台服务器，作为公司网站发布的测试平台。

项目分析

网站是每个公司在互联网上的门面和沟通交流渠道，是每个公司业务的重要环节。对于网络管理员来说，管理网站是一项必备的技术能力和要求。完成一台 Linux 服务器的安装任务，是成为一名合格网络技术人员的第一步。

网站一旦上线提供服务，就要慎重对它进行维护更新。每次对网站进行维护升级操作，都要先在测试服务器上配置并测试，通过后再在正式服务器上实施。否则，如果出现意外，就会对公司造成恶劣影响。事前测试不仅可以查错纠错，还可以使网络管理员对整个操作流程的耗时和可能出现的问题谙熟于心，从而可以比较准确地预估维护时间，保证维护可以按时、保质完成。

对于网络管理员来说，有时，一次严重失误就可能导致职业生涯提前结束，这也是每个网络管理员都会配置测试服务器的原因。很多企业没有富余的服务器专门用来做测试，所以，虚拟机就是绝大多数网络管理员的最佳选择。

虚拟机的另一个重大作用，就是用于实现对新知识的学习。在虚拟机上，我们不但可以根据需要仿真环境，而且可以尝试各种操作。随着云主机逐渐普及，虚拟机的使用会越来越普遍。

本项目首先介绍常用的网络操作系统以及应如何选择适合的网络操作系统；接着介绍如何在 VMware 虚拟机上安装 CentOS Linux 7 网络操作系统；最后介绍如何在命令行模式下对系统进行管理以及系统基本配置管理。

能力目标

能根据实际需要选择合适的操作系统。

能进行 VMware 虚拟机的创建、配置和使用。

能在 VMware 虚拟机上完成系统的安装任务。

能使用命令行管理方式进行系统管理。

知识目标

了解操作系统的基本知识。

熟悉主要的网络操作系统。

了解常见的 Linux 发行版。

了解 CentOS 网络操作系统的基本知识。

任务 1　选择适合的网络操作系统

在本任务中，我们要关注 3 个问题：操作系统是什么？为什么要使用操作系统？怎样选择适合自己的网络操作系统？

【知识储备】

1.1　网络操作系统概述

1.1.1　操作系统与网络操作系统

操作系统(Operating System，OS)是安装在计算机设备上的软件，用于实现对底层硬件的管理，并提供接口服务给用户，从而使用户可以通过接口来操作和控制计算机。

没有安装操作系统的计算机被称为“裸机”，即只有硬件的计算机。它无法正常接收和识别用户的输入指令，也就无法正常工作。所以，要为每一台计算机安装操作系统软件，这样才能使计算机变成人类的好帮手。操作系统的整体概念如图 1-1 所示。

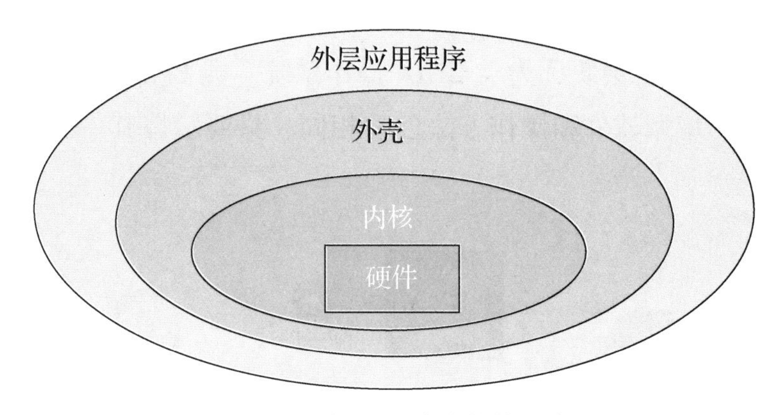

图 1-1　操作系统的整体概念

网络操作系统(Network Operating System，NOS)就是具备网络功能的操作系统。通过它，人们可以彼此联系在一起，如图 1-2 所示。

信息时代是一个网络互通的时代，每个人的计算机都连接到互联网，再连接到整个世界。互联网把全世界连在一起。我们接入网络，成为网络的一个端点；与我们通信的对方是接入网络的其他端点；连在我们之间的就是这个覆盖全世界的互联网，就像渔网一样，如图 1-3 所示。

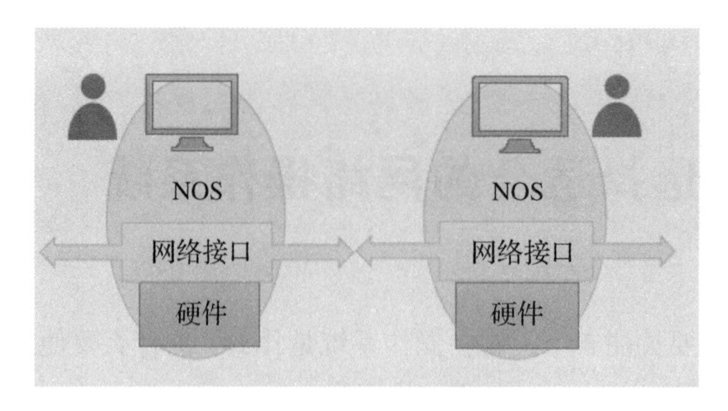

图 1-2　网络操作系统

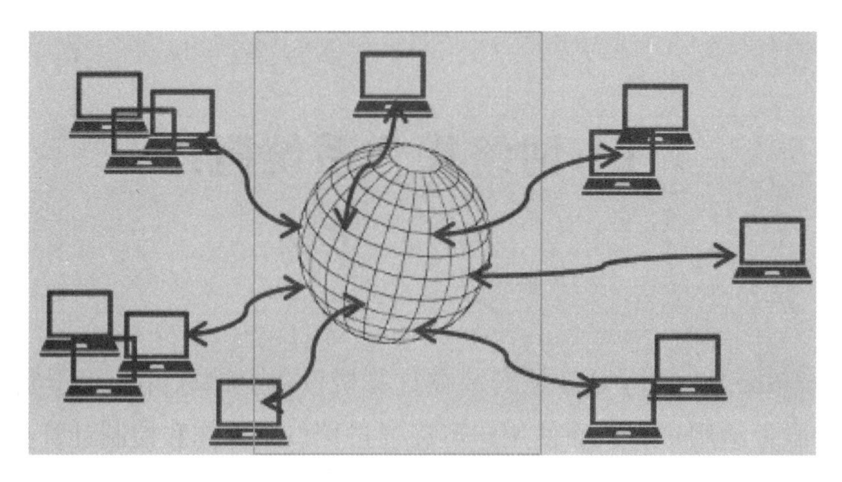

图 1-3　互联网

流行的网络操作系统有很多，其中流传较广、影响较大的主要有 UNIX 操作系统、Windows 操作系统和 Linux 操作系统三大类。其中 UNIX 操作系统和 Linux 操作系统又存在着千丝万缕的联系，所以，有时也会统称为类 UNIX 操作系统。类 UNIX 大家族如图 1-4 所示。类 UNIX 操作系统的环境、应用软件和操作方法近乎相同，只要掌握其中一种，其他的系统也就可以轻松上手了。

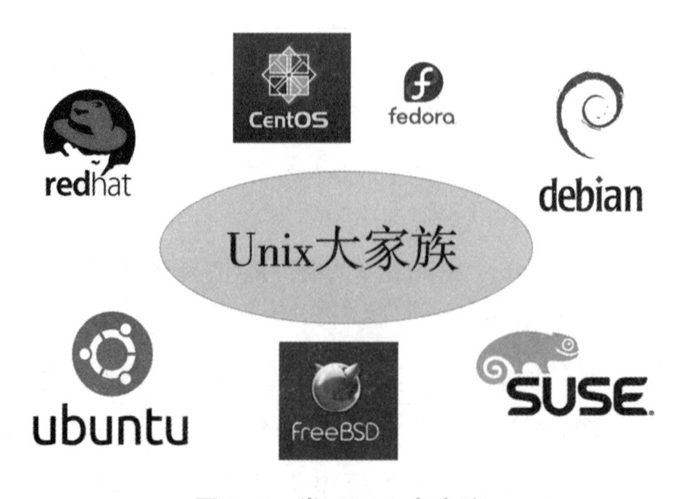

图 1-4　类 UNIX 大家族

1.1.2 Linux 网络操作系统的诞生

Linux 操作系统的产生与 UNIX 操作系统有密切的关系。UNIX 操作系统诞生于 1973 年，后来，UNIX 操作系统版权被收回，不再开源，也不再能够免费使用。目前，UNIX 操作系统的免费版本主要是 FreeBSD。

1984 年，为了教学需要，大学教授谭宁邦(Andrew Tanenbaum)开发了 X86 架构的 Minix 操作系统。1991 年，芬兰大学生林纳斯(Linus Torvalds)在 Minix 操作系统的引导下开发出最初的 Linux 操作系统。1994 年，Linux 操作系统的核心正式版 1.0 完成，Linux 操作系统逐渐走向普及。

林纳斯开发的只是操作系统中最重要的内核部分，作为操作系统软件，它还缺少用户的接口和一些必要的工具软件。目前，很多公司都在从事这项“集成”工作，它们把内核、外壳(接口)和各种软件集成打包在一起，这些集成品就是所谓的“发行版”。所以，当我们使用 Linux 操作系统时，要注意内核版本和发行版本的区别。目前国内比较有名的发行版本有红旗 Linux 等，国外的有 Red Hat Linux、Ubuntu Linux 等。

1.2 Windows 操作系统和 Linux 操作系统的区别

我们多数人很熟悉 Windows 操作系统，与 Windows 操作系统相比，我们有什么理由去选择 Linux 操作系统呢?

1.2.1 Windows 操作系统和 Linux 操作系统的设计思路不同

从设计初衷上说，Linux 操作系统和 Windows 操作系统完全背道而驰。

Windows 操作系统的设计目的是让用户能更友好地使用系统，得到最好的用户体验；而 Linux 操作系统则聚焦在内涵，力求做出最专业的系统。

众所周知，Windows 操作系统是商业化系统，获得用户喜爱和认可非常重要，所以，Windows 操作系统用户才会遍及全球；而 Linux 操作系统早期几乎是黑客专用操作系统，专业而高效的同时，对普通用户不够友好。为了能够普及，Linux 操作系统开发者在桌面化领域做了大量的工作，现在 Linux 桌面发行版的用户体验已经不逊色于 Windows 操作系统了，如图 1-5 所示。

图 1-5 Windows 操作系统与 Linux 操作系统

Windows 操作系统和 Linux 操作系统的区别同样也来自于它们对自己的用户所做的假设完全不同。

对于 Windows 操作系统用户，这个假设是：Windows 操作系统用户不知道自己想要什么，也不明白自己在做什么，更不打算为自己的行为负责。

而对于 Linux 操作系统用户，这个假设恰好相反：Linux 操作系统用户知道自己想要什么，也明白自己在做什么，并且会为自己的行为负责。

以这两种不同的思路设计出的操作系统，一个是“傻瓜式”的用户易用系统（Windows 操作系统），容貌美；另一个是功能卓越的“专业式”系统（Linux 操作系统），内心美。对 Windows 操作系统和 Linux 操作系统的假设所做的形象化描述如图 1-6 所示。

了解 Linux

图 1-6　对 Windows 操作系统和 Linux 操作系统的假设所做的形象化描述

Windows 操作系统下的操作对于用户来说很贴心，使用门槛不高，基本上大家都会使用。“简单易用”通常就是 Windows 操作系统留给我们的印象。对于普通用户家用、娱乐用来说，因为入门简单，Windows 操作系统较为适宜。这一点就决定了，即使现在 Linux 桌面发行版的用户体验已经不逊色于 Windows 操作系统，也无法撼动 Windows 操作系统已经拥有的海量用户数和市场份额。

然而，孩子早晚会长大。长大了，虽然他还会喜欢那个曾经帮扶过他的操作系统，但是，这也不影响他向往新的世界。在 Linux 的世界里，他可以拥有一切，自由翱翔。

1.2.2　Linux 操作系统的优势

1. 客户/服务器模式

网络应用的基本运行模式是客户/服务器模式，如图 1-7 所示。我们是享受服务的客户，而另一端是提供服务的服务器。

当我们去电子商务网站购物时，我们是顾客，是销售服务的购买者；电子商务网站是销

图 1-7 客户/服务器模式

售服务的提供者。就像现实中的大商场那样，提供这样的服务需要庞大的营业面积、海量的商品、专业化的团队、流畅的进货渠道、汹涌的人流等。电子商务网站这样的服务提供者要向整个互联网用户提供服务，也需要能够支撑服务的服务器和其他必需的资源。

虽然互联网的使用者绝大多数是普通用户，但是网络的一切核心功能都是运行于服务器的，如图 1-8 所示。服务器是所有网络应用和服务的支撑平台，对于互联网来说，服务器非常重要。

图 1-8 服务器

2. Linux 操作系统的优势领域

与个人计算机相比，服务器具备更快的运行速度、更大的存储量、更安全的保障等优良的性能。为了支撑庞大的业务，或者出于灵活性、经济性等因素考虑，现在各种网络应用正在逐渐向云服务平台迁移。而不论是服务器还是云服务平台，选用 Linux 操作系统的都占据主流。这意味着，在服务器和云服务平台等网络基础设施上，Linux 操作系统的重要性远远超过 Windows 操作系统和其他操作系统。

在软件开发领域，Linux 操作系统的使用率也非常高。开源免费的 Linux 平台和海量的应用软件及开源代码，加上火热的社区支撑，给程序员提供了一条永无止境的通天翱翔之路，因此 Linux 操作系统吸引力远超 Windows 操作系统。

移动端平台多数也是基于 Linux 操作系统的。现代网络的发展趋势包括应用中心化和接入微型化，即常说的“胖服务器，瘦客户端”。互联网的核心应用和数据都会聚集在“云”中进行加速处理和交换，而接入网络的终端会越来越小巧易用，如手机、平板电脑、随身手环、电子眼镜等。这些新领域主要都是基于 Linux 操作系统的。由于开源和免费，Linux 操作系统的发展将越来越快、越来越广。

另外，通常基于 Linux 操作系统的设备会比较便宜，而 Linux 操作系统的知识更新换代较慢，学习的性价比很高，所以也会吸引很多人学习和使用。此外，Linux 操作系统的通用性也非常好，在大多数平台上都有极佳的表现。

综合来看，对于计算机专业技术人员来说，无论处于哪个技术领域，Linux 操作系统都是必学的内容；除了家用、娱乐领域，Linux 操作系统在大多数其他领域中都具备优势。

当我们说到 Linux 操作系统时，通常还会说到两个词：“开源”和“自由”。

简单地说，Linux 操作系统的一切都是开放的，你可以免费获取所有的源代码，你能够学习到一切想学习的内容，从“菜鸟”一直升级到“大师”。当你觉得它不能满足要求时，可以在它的基础上继续创造，无数的志愿者会帮助你测试和改进，使你可以更快地实现和完善它，这就是所谓的“自由”精神。

Linux 操作系统通常是免费的，你可以免费下载，并自由地安装使用，这是作为商业化系统的 Windows 操作系统所做不到的。

1.2.3 为什么 Windows 服务器仍很普遍

对比 Linux 操作系统和 Windows 操作系统可以发现，除了家用娱乐领域、桌面使用以外，Windows 操作系统并不占有优势。相反，在大多数专业领域，Linux 操作系统却具备更高的认可度。

不过，在中小型企业中，Windows 服务器操作系统的选择比 Linux 服务器操作系统更广泛一些，这是为什么呢?

1. 程序兼容性

决定选择哪个系统时，要考虑开发应用使用的是什么语言。

如果网站很简单，那么选择 Linux 操作系统或 Windows 操作系统都可以。如果网站是动态语言编程的一个完整交互的系统，那么选择了语言环境，也就等同于选择了操作系统。这是因为 Linux 主机和 Windows 主机分别支持不同的程序语言和数据库。

Windows 服务器操作系统下的网站环境主要是“IIS + ASP. NET + SQL Server”，而 Linux 服务器操作系统下的网站环境主要是“Apache + PHP + MySQL”。可以看出，如果应用是 PHP 开发的，就会选择 Linux 服务器操作系统；如果应用是 ASP. NET 开发的，就会选择 Windows 服务器操作系统。

2. 性能稳定性

服务器的稳定性是指服务器能够一直良好地运行，直到关闭。在这方面，Linux 服务器操作系统的评价明显占优势。

一直以来，人们普遍认为 Linux 操作系统的稳定性强于 Windows 操作系统。其一，Linux 操作系统的设计比 Windows 操作系统更先进，整体性能完胜 Windows 操作系统。其二，当 Windows 主机配置变化时，通常需要重新启动，这会导致不可避免的停机；而 Linux 主机通常不需要重启，大多数 Linux 操作系统配置的改变都能在系统运行中完成，而且不会影响其他无关的服务。Linux 操作系统的种种优势都成为人们选择 Linux 服务器操作系统的原因。

Windows 服务器操作系统的选择者则认为，随着 Windows 服务器的不断完善，服务商提供方案的不断成熟，这种差异对于中小型企业用户来说会越来越不明显。而此时，Windows 服务器的易操作和广泛的用户基础则更为瞩目。

由于大多数桌面用户使用 Windows 桌面操作系统，自然对操作类似的 Windows 服务器更加喜爱和熟悉，而易学易用的管理手段降低了学习难度，企业选择 Windows 也会更容易招聘到适合的技术人员来管理和维护网络。

一般来说，Windows 服务器每半个月需要重启一次，运行三个月的时间基本上肯定是要重新启动的；而 Linux 服务器在稳定性上则要好得多，持续运行时间长的服务器据说有些已经超过 10 年没有重新启动了。虽然差别明显，但是对于中小企业来说，业务要求通常没那么高，因此，即使是半个月就要重新启动和维护一次，也可以接受。

3. 成本对比

Linux 操作系统通常是免费、开源的，相对于收费的正版 Windows 服务器系统来说，要便宜很多，所以安装 Linux 操作系统主机的价格通常比 Windows 主机便宜。目前流行的虚拟服务器(Virtual Private Sever，VPS)，在价格方面，Windows 主机相对来说也要贵些。Linux 操作系统也有不少商业版本，如 Red Hat Linux 售价很便宜，主要是售后服务的费用，系统本身也是可以免费下载和使用的。

不过，运维管理人员的支出也会影响企业选择，Windows 操作系统门槛低，招聘容易，工资也低，所以很多中小企业会因此选择 Windows 服务器。毕竟，系统的开销是一次性的，而工资是一直要发的，这样对于企业来说，总的花费可能会更少。

对于中小企业来说，增加专业的网络管理人员是一笔不小的开支，工资低了难以招聘到合格的员工，而且员工也容易跳槽。它们有时会选择把网络业务进行外包，由专门的网络技术公司进行代管，此时选择 Linux 操作系统更为适合。

实际上，Linux 主机和 Windows 主机可以说是各有所长。一般来说，选择操作系统时，首先要考虑的是网站程序的兼容性，其他方面两个系统的服务都是差不多的。

考虑到 Windows 操作系统的易操作性和桌面系统海量用户带来的辐射效应，很多企业选择 Windows 服务器就容易理解了。

1.2.4 我们身边的 Linux 操作系统

虽然刚刚开始学习 Linux 操作系统，但是我们对 Linux 操作系统并不陌生。在我们身边，每天都会看到、每天都会遇到、每天都会用到 Linux 操作系统。

大多数航空交通控制系统采用 Linux 操作系统来确保航行安全，汽车里面也都载着 Linux 操作系统。

在移动终端领域，非常流行的 Android 系统以 Linux 操作系统为基础，其他移动操作系统基本上也是以 Linux 操作系统为内核。

在超级计算机领域，Linux 操作系统支撑着世界上大多数的超级计算机。

在网站和服务器领域，Linux 操作系统支撑着大多数的网络应用、数据中心。

在云计算、大数据领域，作为其支撑的数据中心业务蒸蒸日上，而大多数的数据中心使用 Linux 操作系统作为其底层操作系统。

另外，大多数互联网公司的服务器也使用 Linux 操作系统。

1.3 Linux 操作系统和 Windows 操作系统的故事

Linux 操作系统和 Windows 操作系统是两大主流服务器操作系统，是一对竞争对手、欢喜冤家。我们通过了解两大操作系统的恩怨情仇、历史往事，会对 Linux 操作系统有更深刻的印象。

1. Linux 操作系统诞生时，Windows 操作系统已经很“牛”

1991 年，没有人会拿一个芬兰学生的业余项目跟盖茨的微软“帝国”做比较。

Linux 操作系统诞生的时候，微软公司的 Windows 操作系统已经占据了超过 80%的市场份额，微软公司的重要产品 Office 系列三大应用 Word、Excel、PowerPoint，到 1998 年已经获得接近 100%的市场占有率。

2. Windows 操作系统瞄准服务器市场，被时代宠儿 Linux 操作系统逆袭

微软公司从 1988 年开始开发 Windows 操作系统的服务器版本 Windows NT，1993 年面向市场发售。

但这一次，Windows 操作系统没有像早年横扫个人计算机市场一样完全拿下企业服务器的生意。

因为这时，Linux 操作系统聚集的志愿开发者开发出了一个更快、更好的操作系统。坚持开放核心源代码虽然使林纳斯本人不能从 Linux 操作系统的使用中赚到钱，但却让更多人加入，完善这个操作系统。而互联网的兴起加速了这个过程，Linux 代码刚一更新，就能够以极快的速度在全世界范围内进行分发。无数的人会对它进行测试并反馈，然后再改进、再反馈。

这样不断重复、再重复，依托互联网，奇迹就出现了。

在这个过程中，Red Hat 这样的商业公司诞生了，其所发行的企业版 Linux 操作系统可以通过为企业提供技术支持和培训来获利。IBM、Sun 这样的传统科技公司也给予 Linux 操作系统更多的支持。到现在，Linux 操作系统阵营空前强大，甚至微软公司最后也加入了 Linux 操作系统的阵营之中。

3. Linux 操作系统试图占领桌面市场，却最终失利

1996 年以后，Linux 操作系统的用户量飙升。对于拿下桌面市场，开源社区一度非常乐观。

为了打败 Windows 操作系统，很多程序员投入桌面版的开发中，试图做出更漂亮、体验更好的 Linux 操作系统图形界面，GNOME 和 KDE 就是较为有名的两个图形界面。

虽然它们各方面性能并不输给 Windows 操作系统，但与 Windows 操作系统相比，它们缺少游戏和多媒体支持，很多商业软件也不具备 Linux 版本。

最终，Linux 操作系统的努力没有真正取代 Windows 操作系统进驻办公室和书房里的计算机。

Linux 操作系统的失利不是自身不足，而是缺少市场的支持，在桌面市场 Linux 操作系统终究只成为第二选择。

4. 微软开始了霸权之战，但还是输掉了互联网

1998 年，微软的内部参考文件被泄露。

文件中预测，Linux 操作系统不可能威胁 Windows 操作系统在桌面操作系统市场中的份额，但它会威胁微软公司的 Windows NT 服务器操作系统。文件中总结了 4 个原因。

（1）Linux 操作系统对机器配置的要求更低。

（2）由于 Linux 操作系统延续自 UNIX 操作系统，系统转换成本更低。

（3）Linux 操作系统的可扩展性、互操作性、可用性和可管理性都更好。

（4）只要服务和协议足够通用，Linux 操作系统就有机会赢。

在文件里微软公司提出了应对策略：一是传统的通过营销渠道攻击 Linux 操作系统的可靠性和安全性；二是打击 Linux 的“老巢”——通用的网络和服务器基础设施。

文件认为，微软公司如果把网络协议抓在自己手上，用微软主导的协议取代开放协议，提升准入门槛，就能打败 Linux 操作系统。

逐渐地，Windows 操作系统和 Linux 操作系统之间的战争变成了由微软掌控的霸权体系对阵开放体系的抗衡。

这其实不是一场公平的竞争，但是开放体系最终胜利了。

Linux 操作系统以及配套的开源软件，最终成为网站和互联网服务开发者的首选。很长一段时间，网站偏好使用的技术架构都是 LAMP（Linux+Apache+MySQL+PHP）。

5. 谷歌公司和亚马逊公司彻底让 Linux 体系打败了 Windows 体系

2003 年，曾数次创业并把自己的手机公司卖给微软公司的安迪·鲁宾创办了一个新公司

开发 Android 系统。鲁宾想让 Android 系统成为手机上的通用操作系统。

2005 年，谷歌公司宣布收购 Android 系统，并让鲁宾在公司内部组建团队，推进手机操作系统的计划。2008 年，第一款 Android 手机面市，之后短短几年，它就成为全球使用量最多的移动操作系统。

Android 系统的成功，把微软公司手机市场占有率压到不足 1%，在新兴的移动终端领域打败了 Windows 操作系统，而亚马逊公司则帮助 Linux 操作系统彻底拿下了企业市场。

2006 年 8 月 25 日，正好是林纳斯宣布 Linux 诞生的 15 年后，一直专注于在网上购物的亚马逊公司发布了一个与主业没关系的产品——EC2(亚马逊弹性计算云)，隶属于 AWS(亚马逊网站服务)。

AWS 其实就是今天所说的云计算平台，EC2 是它的基本服务之一。简单地说，EC2 可以让企业直接在线搭一个服务器。如果对性能要求不高，第一年免费。之后随着需求增加，企业可以按使用量和时间支付成本。

AWS 成功的一个基础是种类繁多的免费 Linux 发行版，虽然它也可以使用 Windows 操作系统，但只有使用 Linux 操作系统才能做到真正免费启动。

EC2 最初受到创业公司的追捧，正好也赶上了智能手机的出现以及创业潮。亚马逊公司跟着推出了一个又一个配套服务。

微软公司在 AWS 上线两年后开始测试自己的云计算平台 Windows Azure。

与早年对抗 Linux 操作系统时一样，面对开放的、可以任意挑选任何技术的 AWS，微软公司将使用者限制在自己的服务下，给 Windows Azure 开发服务就需要用成套的微软工具以及相关的标准。

在云计算的对抗中，背靠 Linux 操作系统以及诸多开放标准的 AWS 再次获胜。

最后，Linux 操作系统大势已成，微软公司也开始支持 Linux 操作系统。

6. Linux 操作系统赢在了最后

云计算的失败是 Linux 操作系统对 Windows 操作系统的最后一击。

2011 年，纳德拉接管了微软公司的云计算业务，他做的一个调整就是让 Windows Azure 支持开发者使用 Linux 操作系统。此举是为了吸引不愿意用 Windows 操作系统的用户使用微软公司的云计算服务。

这一举动一度让微软公司在 Linux 操作系统贡献厂商榜单排名 17。这是因为微软公司投入大量人力开发 Linux 操作系统，让它支持 Windows Azure。

2013 年，纳德拉接替鲍尔默成为微软公司首席执行官，他加大了对 Linux 操作系统的支持。

2014 年，纳德拉把云计算称为微软公司的战略核心，而不再强调操作系统的价值。

同年，Windows Azure 改名为 Microsoft Azure，进一步加强对各种开放标准和服务的支持，也包括 Linux 操作系统。

2016年3月8日，微软公司推出了Linux版SQL Server预览版，把数据库软件SQL Server向开放源代码的Linux操作系统进行开放。微软公司的这一做法旨在吸引大企业用户，从甲骨文公司手中夺取市场份额。

1.4 选择适合的Linux发行版

1.4.1 具有较大影响力的Red Hat Linux及其衍生版本

Red Hat Linux是由Red Hat公司推出的全世界广泛应用的Linux发行版。Red Hat Linux以易于安装和使用而闻名，在很大程度上减轻了用户安装程序的负担。

Red Hat Linux 9.0版本推出后，红帽公司不再继续更新个人领域版本，而是依托Fedora项目，计划以Fedora来取代Red Hat Linux在个人领域的应用。Fedora依托Fedora网络社区开发，Red Hat公司赞助，早期版本名为Fedora Core(简称FC)，FC 7.0后改名为Fedora。Fedora是基于Red Hat Linux的。

1.4.2 受到好评的企业级系统RHEL、SLE

在商业应用的领域，2002年3月，Red Hat公司推出了红帽Linux高级服务器版本(Red Hat Advanced Server，RHAS)，后来被称为红帽企业版Linux(Red Hat Enterprise Linux，RHEL)。

RHEL或者SUSE Linux Enterprise(SLE)是非常受欢迎的企业版系统。RHEL是Red Hat公司的企业级Linux发行版，主要分为服务器版和桌面版。

SUSE公司于1992年末创办。1994年，他们首次推出了SLS/Slackware的安装光碟，命名为S. u. S. E. Linux 1.0。现在，SUSE Linux的主要产品版本有：SUSE Linux Enterprise Server(SLES)，是提供可用性、有效性和创新性的企业服务器版本；SUSE Linux Enterprise Desktop(SLED)，是企业桌面办公系统；SUSE Embedded，是嵌入式系统，适用于稳定而安全的专用设备和系统。

1.4.3 好用的服务器操作系统Debian Linux、CentOS Linux

如果你正打算为服务器选择合适的操作系统，但是又不想为RHEL或SLE的维护付费，那么Debian Linux或CentOS Linux是比较好的选择。它们是社区主导的服务器版本，都具有很高的性能标准，而且它们的支持周期很长，所以你不必担心经常升级系统。

Debian Linux是早期的Linux发行版之一，很多其他Linux发行版都是基于Debian发展而来的。Debian Linux主要分3个版本：稳定版本、测试版本和不稳定版本。

而CentOS Linux是RHEL源代码再编译的产物，而且在RHEL的基础上修正了不少已知的漏洞，相对于其他 Linux 发行版，其稳定性更值得信赖。选择 CentOS Linux 可以得到 RHEL 的所有功能，甚至是更好的软件。但 CentOS Linux 并不向用户提供商业支持，当然也不负任何商业责任。2014 年 1 月，Red Hat 公司收购 CentOS 项目后，CentOS Linux 仍然完全免费。CentOS Linux 是 RHEL 的再编译版本，拥有等同于 RHEL 的性能。二者都是服务器系统较为适合的选择。Debian Linux 在低配置服务器上表现惊艳，目前流行的低配置虚拟私人服务器（Virtual Private Server，VPS），有些内存只有 128MB 或 256MB，Debian Linux 是较为适合的选择；如果内存能达到 512MB，CentOS Linux 通常可以良好运行。

1.4.4　较为流行的 Ubuntu 及其衍生版本

Ubuntu 是基于 Debian GNU/Linux 的，支持 x86、AMD64（即 x64）和 PPC（Power PC）架构，是由全球化的专业开发团队 Canonical Ltd 打造的开源 GNU/Linux 操作系统，为桌面虚拟化提供支持平台。Ubuntu 对 GNU/Linux 的普及，特别是桌面版的普及做出了巨大贡献。Ubuntu 的 Unity 桌面已经演变成一个用户友好的界面，对于 Windows 操作系统用户而言，使用 Ubuntu 比从 Windows 7 转向 Windows 8 的难度更小一些。

Ubuntu 正式支持的衍生版本包括 Kubuntu、Edubuntu、Xubuntu、Ubuntu Kylin（优麒麟）、Ubuntu Server Edition、Gobuntu、Ubuntu Studio、Ubuntu JeOS、Mythbuntu、BioInfoServ OS、Ebuntu、Fluxbuntu、Freespire、Gnoppix、gOS、Hiweed、Jolicloud、Gubuntu、Linux Deepin、Linux Mint、Lubuntu、nUbuntu、Ubuntu CE 等。这些版本各具特色，很多都拥有很高的知名度和用户群，如适合低配置旧硬件的系统 Lubuntu、适合多媒体制作的系统 Ubuntu Studio 等。

【任务实践】

1.5　选择适合你的 Linux 操作系统

（1）Red Hat Linux 影响较大，任何时候都可以选择它。

（2）Ubuntu 拥有良好的桌面，使用起来较为舒适易用。

（3）企业级系统挑选 RHEL 或者 SLE，虽然要付费，但是物有所值。

（4）如果打算享受企业品质服务，但又不想花钱或者希望少花钱，可以选择 Debian Linux 或者 CentOS Linux。

（5）如果所有版本你都不满意，那么也可以定制自己的 Linux 发行版。毕竟，发行版就是 Linux 内核加上各种应用的集成而已。从这个角度来说，你可以根据需要自由组合软件，制作自己的 Linux 发行版。你可以自由选择需要的内核版本和软件集合，可以对任何不满意的功能进行改进，或者添加新的软件满足需要，唯一能限制你的只有你自己的想象力和创造力，这就是 Linux 所象征的“自由”的体现。

本任务就是要求选择你中意的Linux操作系统，并对其进行简要的介绍，说明你选择它的原因。

思考：

(1) 你心目中的Linux操作系统要满足哪些特征？

(2) 你选择的发行版是什么？它具备什么特征？

(3) 为你选择的操作系统打分，你对它的满意程度是百分之多少？

任务2　在虚拟机上安装CentOS Linux

在本任务中，我们要关注3个问题：虚拟机是什么？为什么要使用虚拟机？怎么在虚拟机上安装CentOS Linux？

【知识储备】

虚拟机技术

1.6　虚拟机和VMware

虚拟机(Virtual Machine，VM)指通过软件模拟的具有完整硬件系统功能的、运行在一个完全隔离环境中的完整计算机系统。

VMware公司是一个虚拟机软件公司，提供服务器、桌面虚拟化的解决方案。它的产品可以使你在一台机器上同时运行两个或更多的Windows、Linux操作系统。

与"多启动"系统相比，VMWare虚拟机平台采用了完全不同的概念。"多启动"系统虽然在一台计算机上安装了多种操作系统，但在一个时刻只能运行一个系统，在系统切换时需要重新启动计算机。而VMware虚拟机平台是真正"同时"运行，多个虚拟机同时运行在主系统的平台上，如图1-9所示，可以像标准Windows应用程序那样进行切换。

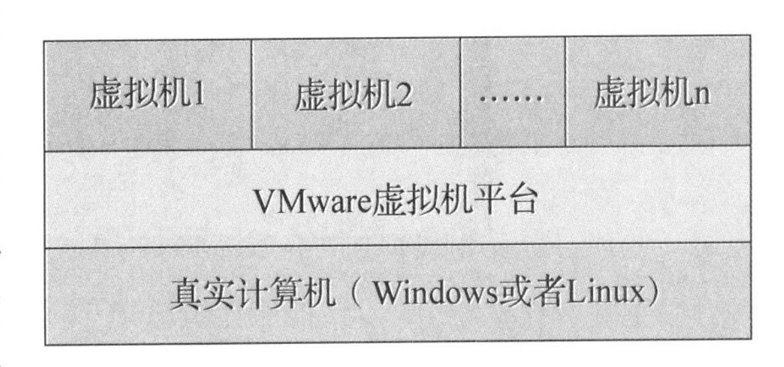

图1-9　多虚拟机同时运行

每个虚拟机都相当于一台独立的计算机，我们都可以像真实计算机一样进行虚拟的分区、配置，而不用担心会影响到真实硬盘的数据，我们还可以根据需要任意添加多块硬盘、多个网卡等虚拟设备来对高级性能进行仿真和练习，我们甚至可以通过将几台虚拟机用网卡连接为一个局域网来模拟网络环境。虚拟机的灵活性为我们的学习提供极大的帮助。事实上，这些虚拟机使用起来与真实计算机基本没有差别。虚拟机环境是完美的学习环境，甚至比真实环境还要好得多。

随着海量的数据中心建立完成，“云时代”的大幕拉开，各种应用、资源正在向“云”中迁移。“云”中的服务器就是虚拟机，VMware Workstation 就是云平台的一种。也就是说，我们现在在虚拟机上高效地学习，将来我们的工作任务也将主要在虚拟机中完成。

从 VMware 公司的官方网站可以购买正式版或者下载试用版。下载页面如图 1-10 所示。

下载完成后双击安装包，可以进行安装。

图 1-10　VMware 下载页面

VMware Workstation 安装好后，工作界面如图 1-11 所示，单击“创建新的虚拟机”按钮就可以开始新虚拟机的创建；对于已经建立好的虚拟机，可以单击“打开虚拟机”按钮重新打开；单击“连接远程服务器”按钮可以连接远程服务器，在服务器上进行虚拟机的操作；而单击“连接到 VMware vCloud Air”按钮可以连接到 VMware 云上，进行虚拟机的操作。

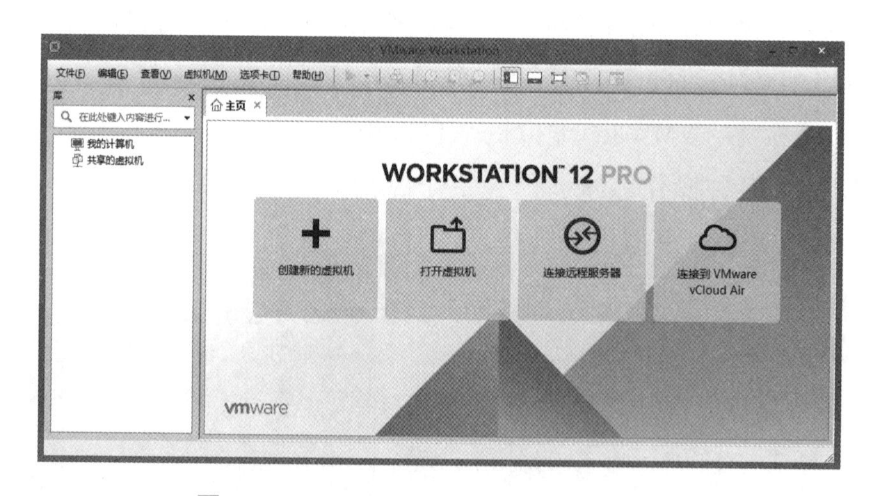

图 1-11　VMware Workstation 工作界面

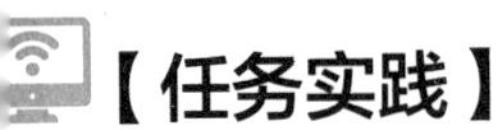

【任务实践】

1.7 创建虚拟机

VMware Workstation 安装之后，可用来创建虚拟机。每一个虚拟机就像一台独立的计算机一样，在虚拟机上可以再安装操作系统，在这个虚拟操作系统上可以再安装应用软件，所有操作效果和操作一台真正的计算机完全相同。

利用虚拟机可以学习安装操作系统，学习使用映像文件安装操作系统，进行磁盘分区、分区格式化，以及测试各种软件或病毒验证等，甚至可以组建网络。即使误操作也不会对真实计算机造成任何影响，因此虚拟机是学习计算机知识的好帮手。

同样，我们还可以在虚拟机中对产品和业务进行各种测试，如测试网站的各项性能以及新的功能。使用虚拟机进行测试具有成本低、易于部署、效率高等优势。

创建新的虚拟机的具体步骤如下。

(1)单击“创建新的虚拟机”按钮，打开“新建虚拟机向导”对话框，如图 1-12 所示。默认选择“典型(推荐)”单选按钮，这样可以快速完成虚拟机的设置。如果想进一步调整，可以完成后修改或者选择“自定义(高级)”单选按钮。

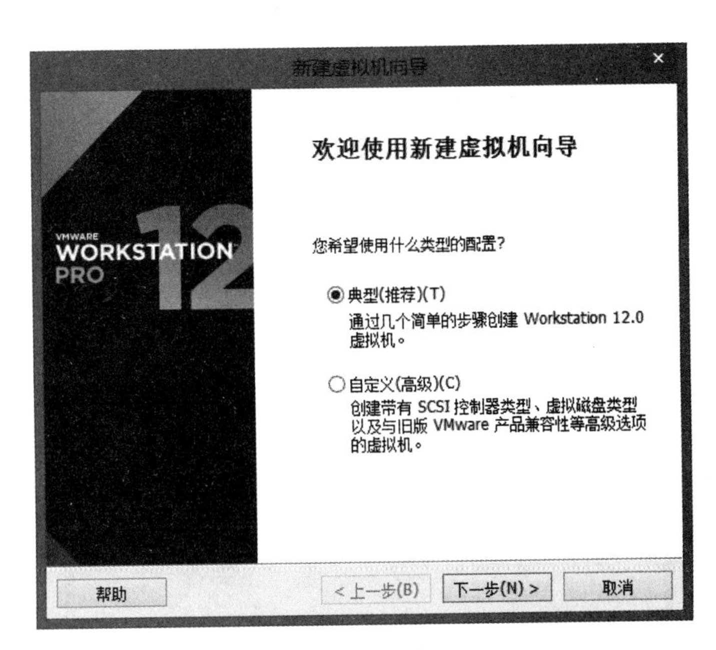

图 1-12 “新建虚拟机向导”对话框

(2)单击“下一步”按钮，设置安装来源，如图 1-13 所示。

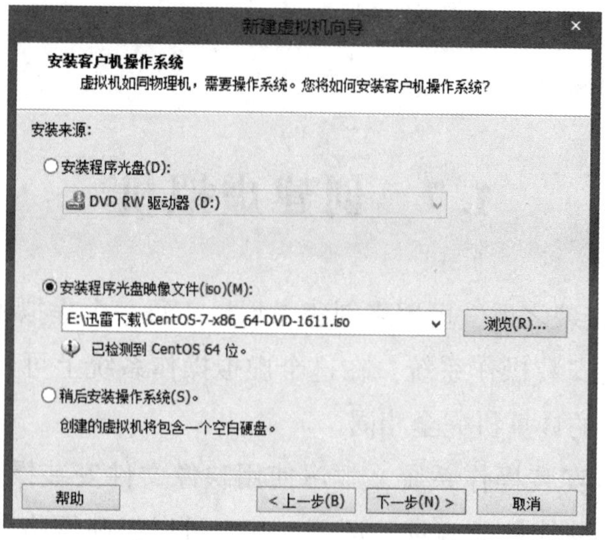

图 1-13　设置安装来源

如果选择“安装程序光盘”单选按钮，需要把系统安装光盘放入当前计算机的光盘驱动器中，虚拟机将使用物理计算机的光盘驱动器来进行安装，就像在物理计算机上安装操作系统一样。

如果选择“安装程序光盘映像文件(iso)”单选按钮，需要使用安装光盘制作成的映像文件(.iso)来进行安装。我们可以从(CentOS 官方网站)下载 CentOS 的安装映像文件，然后选择下载的映像文件进行安装，也可以把映像文件刻录到光盘上，再选择“安装程序光盘”单选按钮。

如果选择“稍后安装操作系统”单选按钮，则暂时不设置安装来源，以后再行设置即可。

(3)单击“下一步”按钮，给虚拟机命名，可以自由设置虚拟机名称。由于虚拟机存放位置会占用大量的磁盘空间，最好不要将其存放在系统分区。建议自己创建目录存放虚拟机相关文件。如图 1-14 所示。

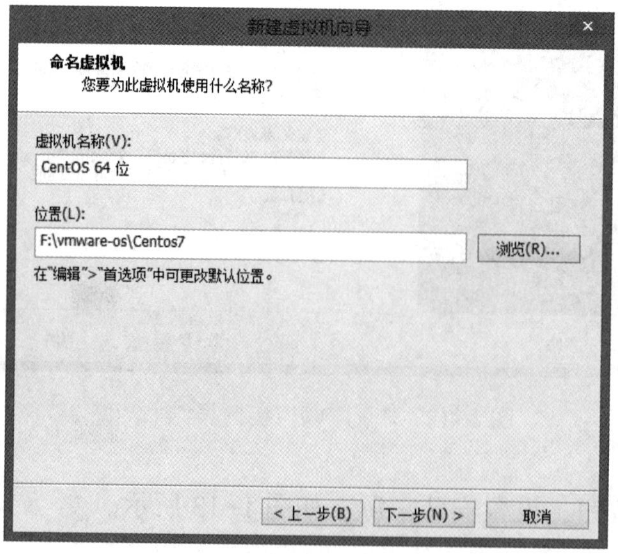

图 1-14　设置虚拟机名称和位置

(4)单击“下一步”按钮，指定磁盘容量，保持默认值 20GB 就可以，以后有需要可以额外添加，如图 1-15 所示。如果计算机磁盘容易富裕，那么可以设置更大的磁盘容量。

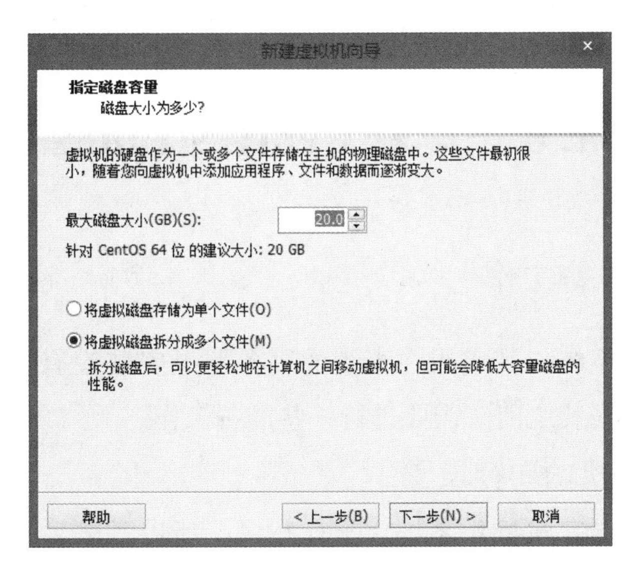

图 1-15　指定磁盘容量

下方有两个单选按钮，如果选择“将虚拟磁盘存储为单个文件”单选按钮，意味着可能会出现一个文件量达到 20GB 的超大文件，这样的文件在复制、移动时可能出错。如果打算把安装好的虚拟机复制或移动到其他计算机上，由于 U 盘通常有单个文件的最大文件量限制，一般是 2GB，不能存储 20GB 的文件，而通过网络传输大文件也会有类似的问题，所以，我们通常选择“将虚拟磁盘拆分成多个文件”单选按钮，这样易于复制和网络传输，对应的代价就是数据读写速度会有所降低。

(5)单击“下一步”按钮，出现信息汇总界面。单击“完成”按钮，就完成了虚拟机的创建，如图 1-16 所示。如果想对虚拟机设置进行调整，可以单击“编辑虚拟机设置”按钮，进行进一

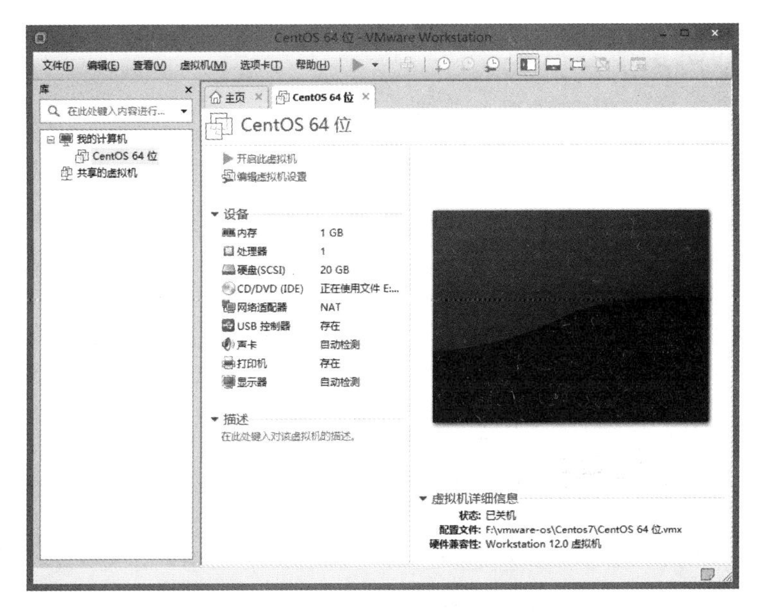

图 1-16　完成虚拟机创建

步设置；如果对设置满意，就可以单击“开启此虚拟机”按钮。接下来，虚拟机就可以像真实计算机一样启动、进行系统安装或者使用了。如果在设置安装来源时选择了“稍后安装操作系统”单选按钮，那么需要编辑虚拟机设置，重新对安装来源进行设置。

1.8 安装 CentOS Linux

在虚拟机中安装 CentOS7

1.8.1 安装前的准备工作

在虚拟机上安装操作系统，其实跟在真正的服务器上安装没有差别，虚拟机也可以当作真正的服务器来使用。在安装之前，需要进行一些准备工作。

1. 调整分配给虚拟机的内存设置

因为虚拟机是在真实计算机操作系统之上运行的，所以需要占用真实计算机的内存。如果虚拟机分配的内存高于系统富余内存，会导致真实计算机内存不足、运行变慢，虚拟机也会受到影响。例如，真实计算机内存为 4GB，如果本机运行需要约 2GB，那么就有约 2GB 可以分配给虚拟机，分配时，要优先保证真实计算机本身的运行，留足余量。虚拟机的配置可以根据需要临时调整，如果内存紧张，可以先分配较少的内存，以后再行调整。此外，虚拟机不运行时是不会占用内存的。

如果虚拟机分配的内存小于系统需要，那么虚拟机系统也不能正常运行。对于 CentOS 系统，通常这样分配内存：如果只是安装最小系统，分配 256MB 内存就可以良好工作；如果安装图形界面，那么建议内存至少要达到 512MB；如果还要安装数据库，进行应用功能测试、用户负载测试等，那么要考虑实际负荷的用户数量，相应地增加内存的分配。从服务器运行角度看，内存越大越好。

2. 调整虚拟机的磁盘设置

虚拟机的磁盘设置需要根据需求进行调整。

磁盘的容量是首先要考虑的。通常建议分配 20GB 的磁盘容量来安装 CentOS Linux 7，如果是学习和基本应用，这个磁盘容量大小基本能够满足常用软件的安装和系统运行所需。如果是企业级应用，考虑到长时间运行所需，建议分配 300GB 磁盘容量。当然，具体的磁盘容量估算，还要根据业务所需和数据量的多少等多方面因素综合考量。

另外，磁盘管理也是必须考虑的问题。磁盘空间通常会划分成若干部分，除了安装系统的根分区(用“/”表示)外，还需要划分出内存 1~2 倍的大小作为交换分区(swap)；启动目录(/boot)通常也会划分出 100~200MB 作为独立分区；用户家目录(/home)单独作为一个分区对服务器稳定也有益处；网站和其他业务所在分区单独划分出一个分区有助于提升系统安全级别；如果有数据库，可能也需要单独划分出一个分区等。在实际工作中，技术人员会根据需要进行分区规划，安装操盘系统时对磁盘进行合理分区。如果使用系统默认策略，会在磁盘上创建启动分区(/boot)、交换分区(swap)和根分区(/)。

对于服务器来说，常常需要海量存储空间、更快的硬盘读写速度、更好的数据安全保证，这些通常需要动态配置磁盘，添加更多的磁盘来满足更大、更快、更安全的存储，要根据需求配置对应的磁盘，或者以后再行修改。

3. 安装软件的选择：基础模板+附加软件

安装操作系统前还需要考虑要安装的软件。CentOS 发行版有几万个软件可以选择，这么多的软件，即使只是了解，也要花费大量的时间。为了简化安装，CentOS Linux 7 提供了简化安装模式。安装时，CentOS Linux 7 提供了 10 种安装模板基础环境及每种环境的附加选项。根据实际需求，选择一种基本模板，然后选择对应的附加选项，就可以实现满足需求的环境了。即使软件选择不当，以后也可以很方便地通过系统的软件管理工具随时调整。

4. 安装时的安全设置

安装时的安全设置也必须注意。如果启用 SELinux 安全策略系统，那么很多系统功能和配置都会受到影响，会给初学者带来很多额外的工作。因此，可以关闭服务或者把服务暂时禁用，以此来简化学习操作。如果防火墙设置不当，可能会对外来通信产生阻碍，致使相关服务出现问题，也可以考虑暂时关闭防火墙服务。在实际企业环境中，安全策略和防火墙都是安全管理的重点内容，必须认真学习和掌握。

5. 准备安装映像文件

创建好虚拟机，在开始安装 CentOS Linux 之前，要下载好其安装光盘镜像。打开 CentOS 官方网站的下载页面，效果如图 1-17 所示。单击“DVD ISO”按钮可以下载 DVD 介质的安装映像，单击“Everything ISO”按钮可以下载完全版映像，单击“Minimal ISO”按钮可以下载最小安装映像。选择一个映像进行下载。如果是安装到真实计算机，可以下载后刻录到光盘上进行安装；如果是在虚拟机上安装，可以把映像文件挂载到虚拟机的虚拟光驱上，简洁方便。

图 1-17　CentOS 官方网站的下载页面

6. 挂载镜像文件，开始安装

(1) 在虚拟机初始界面单击“编辑虚拟机设置”按钮，在打开的“虚拟机设置”对话框中选择“CD/DVD(IDE)”选项，设置光驱。在右侧选择“使用 ISO 映像文件”单选按钮，如图 1-18 所示。

图 1-18 “虚拟机设置”对话框

单击“浏览”按钮，选择挂载下载好的映像文件，单击“确定”按钮，返回虚拟机初始界面。

(2)在虚拟机初始界面单击“开启此虚拟机”按钮，虚拟机开始启动。单击虚拟机显示屏幕，从本地计算机切换到内部虚拟机，用键盘方向键选择“Install CentOS Linux 7”选项，然后按 Enter 键开始安装，如图 1-19 所示。“Test this media & install CentOS Linux 7”选项是当采用光盘安装介质进行安装时，为了避免光盘划伤引起数据损坏导致中途安装失败，在安装之前对光盘进行检测，读取正常的情况下再安装。“Troubleshooting”选项是问题处理。按 Tab 键可以查看完整配置选项信息。

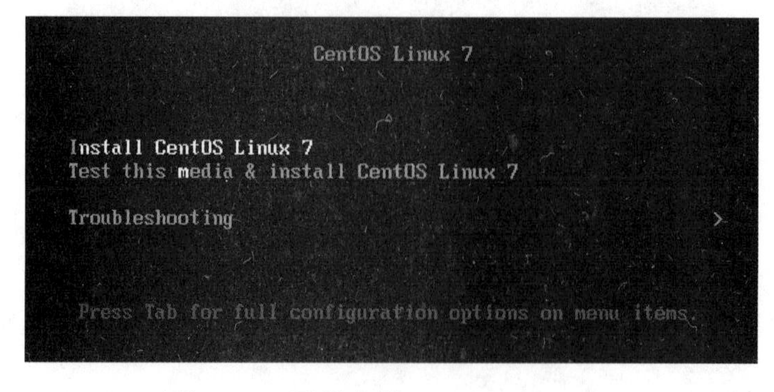

图 1-19 开始安装 CentOS Linux 7

1.8.2 安装步骤说明

安装 CentOS Linux 7 的具体步骤如下。

1. 选择安装过程中使用的语言

在安装界面中选择“中文”→“简体中文”选项，系统将自动加载简体中文支持，使用简体中文环境进行操作系统安装，并把安装好的操作系统默认语言设置为简体中文，配置好中文输入法。如果选择英文，安装后再修改为中文，这些工作就要自己一一完成，如图 1-20 所示。

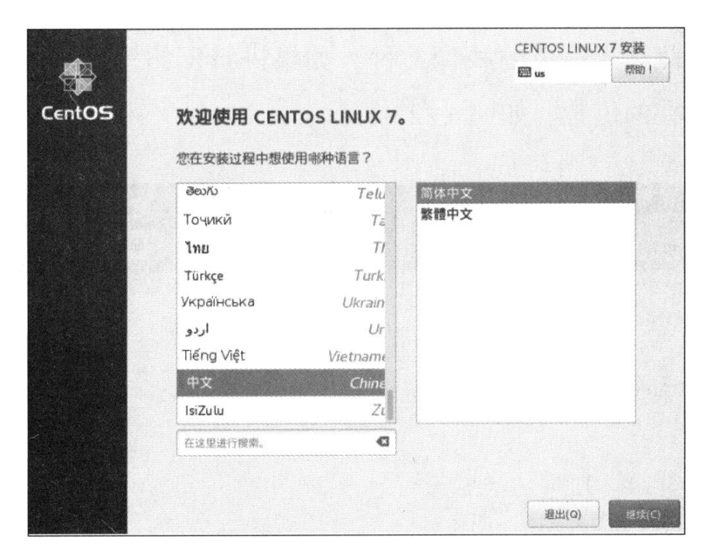

图 1-20　选择安装过程中使用的语言

2. 设置安装信息摘要，单击对应图标进行设置，开始安装

主要的安装选项基本都在图 1-21 所示页面进行设置，具体步骤如下。

注意：有感叹号的选项是必须设置的，没有感叹号的选项保持默认即可。

图 1-21　安装信息摘要

(1) 日期和时间：选择“亚洲/上海时区”。如果上一步语言选择英文，要选择的就是“Asia/ShangHai”。如果在别的国家，那么按照所在时区进行设置。这将影响基本语言支持和

时间时区设置，还有货币符号、显示格式等本地化设置内容。

(2)键盘：保持默认即可。

(3)语言支持：默认为简体中文，也可以把需要用到的语言都加进来。CentOS Linux 7 支持大多数常见语言：如果要访问日文站点，那么应该加入日文支持；如果要用韩文软件，那么应该加入韩文支持。语言支持通常包含字库和输入法。

(4)安装源：指定系统安装源文件的路径。在设置界面选择“自动检测到的安装介质”单选按钮，也就是下载后挂载在光驱里的映像文件。如果进行网络安装，那么选择“在网络上”单选按钮，指定安装源所在的位置。如图 1-22 所示。

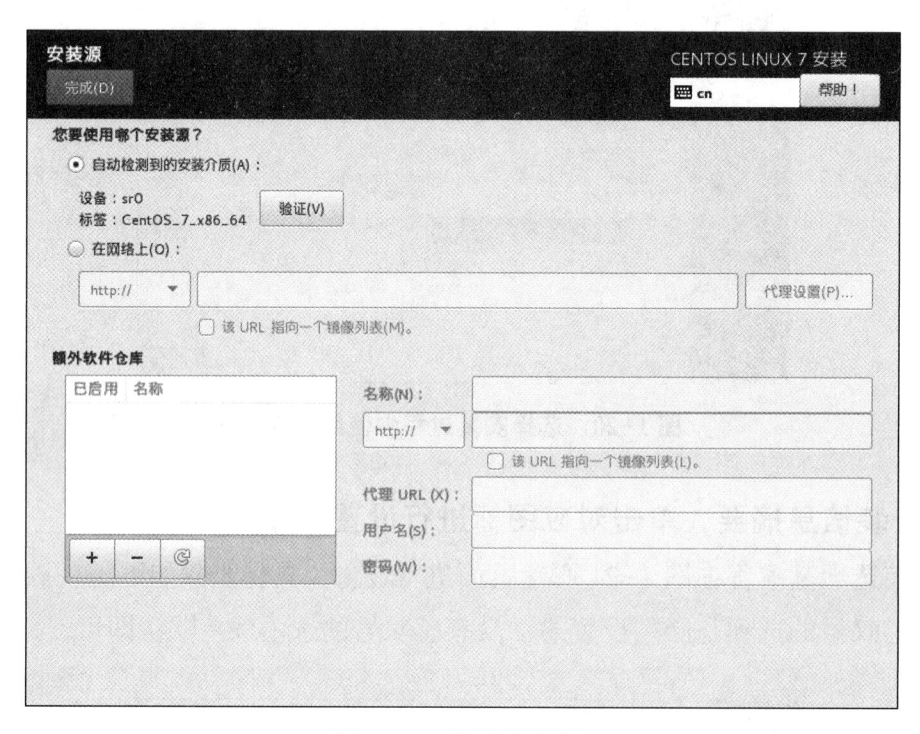

图 1-22　指定安装源

(5)软件选择：根据需求进行选择，第一次安装，建议选择“最小安装”单选按钮。如果需要图形界面，就选择“带 GUI 的服务器”单选按钮。然后继续选择已选环境的附加选择，如图 1-23 所示。CentOS Linux 7 按照常见用途设置了预设模板。如果不喜欢这些模板，可以选择一个接近的，在安装后进行调整，或者选择最小安装后再添加需要的模组或软件。

(6)安装位置：设定磁盘分区，建议安装时选择默认的“自动配置分区”单选按钮，如图 1-24 所示。对分区有明确认知后，再按需要进行规划。

(7)KDUMP：保持默认即可，如图 1-25 所示。当系统内核崩溃时，KDUMP 会保存状态信息，有助于检测服务器错误原因。启动此服务会占用少量内存。

(8)网络和主机名：默认互联网协议(Internet Protocol，IP 地址)是动态获取的，默认主机名是 localhost. localdomain。对于服务器来说，通常会把 IP 地址设置为静态 IP 地址，把主机名设置为自己设定的名称。这些也可以保持默认，在安装完成后再进行修改。在企业网络中，IP

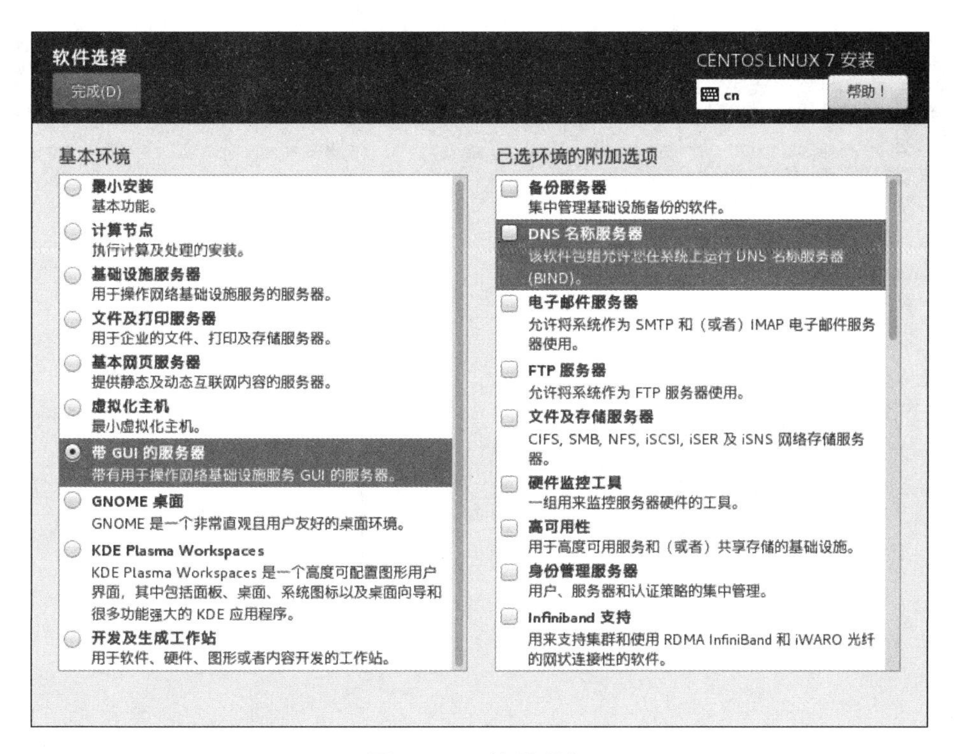

图 1-23　软件选择

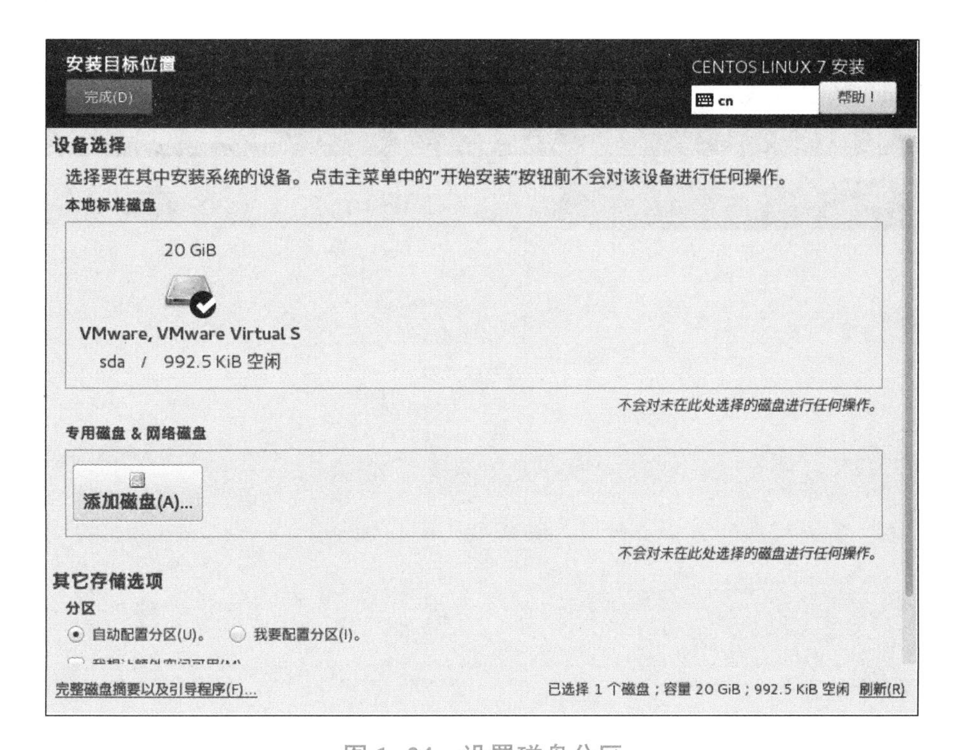

图 1-24　设置磁盘分区

地址和主机名是有统一规划的，不能随意设置，如图 1-26 所示。

(9)安全策略：可以对系统提供的 11 种可选安全策略模板进行加载，来保证系统的安全。在此，可以考虑选择"Default"模板(默认模板，最低限度的安全模板)，或者直接关闭安全策略功能，如图 1-27 所示，以免在后续实验中，因为安全权限问题，导致各种意外情况出现。

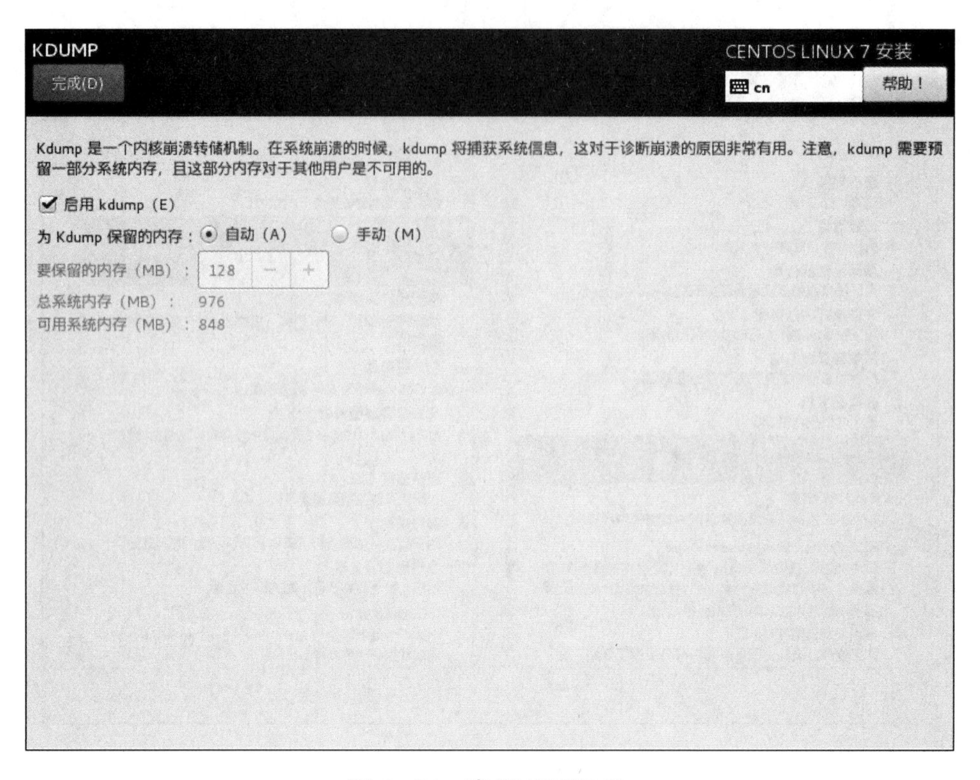

图 1-25 启用 KDUMP

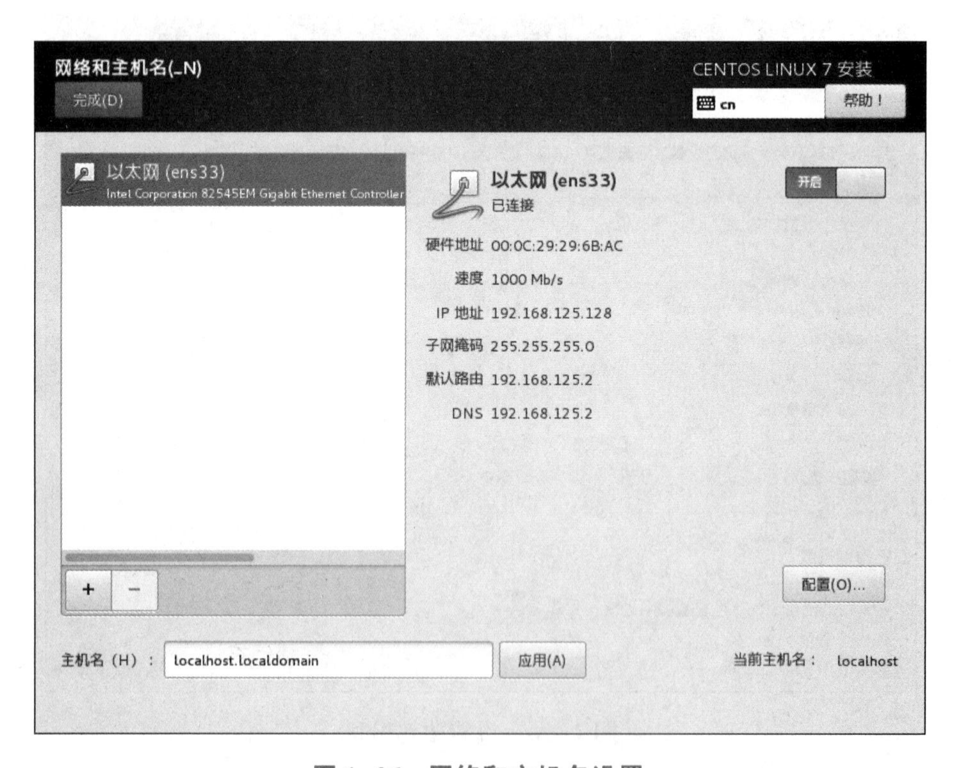

图 1-26 网络和主机名设置

设置完成后单击“开始安装”按钮，开始安装操作系统。

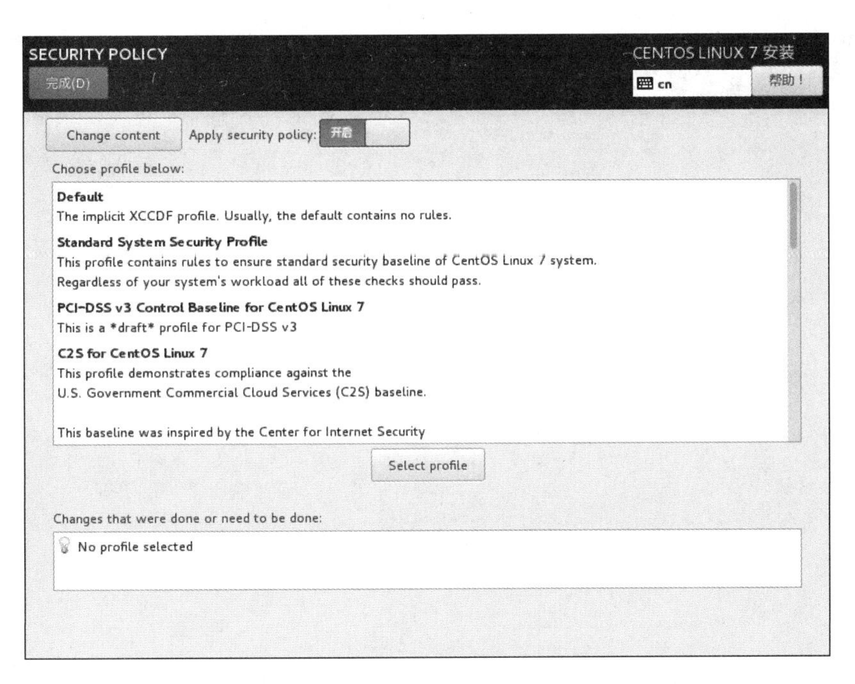

图 1-27　安全策略设置

3. 设置 root 密码，创建用户，安装完成后重启系统，进行安装后设置

(1)安装界面如图 1-28 所示，此时可以进行用户设置。root 账户是 CentOS Linux 7 的最高权限管理账户。设置一个复杂的密码对系统安全有重要的作用。如果密码设置得过于简单，会要求连续确认两次。良好的密码通常建议：长度不少于 12 位，至少包含大写字母、小写字母、数字、特殊字符 4 类字符中的 3 类。另外，密码内容是真正随机的，不能是某个日期或者有意义的单词等。如图 1-29 所示。

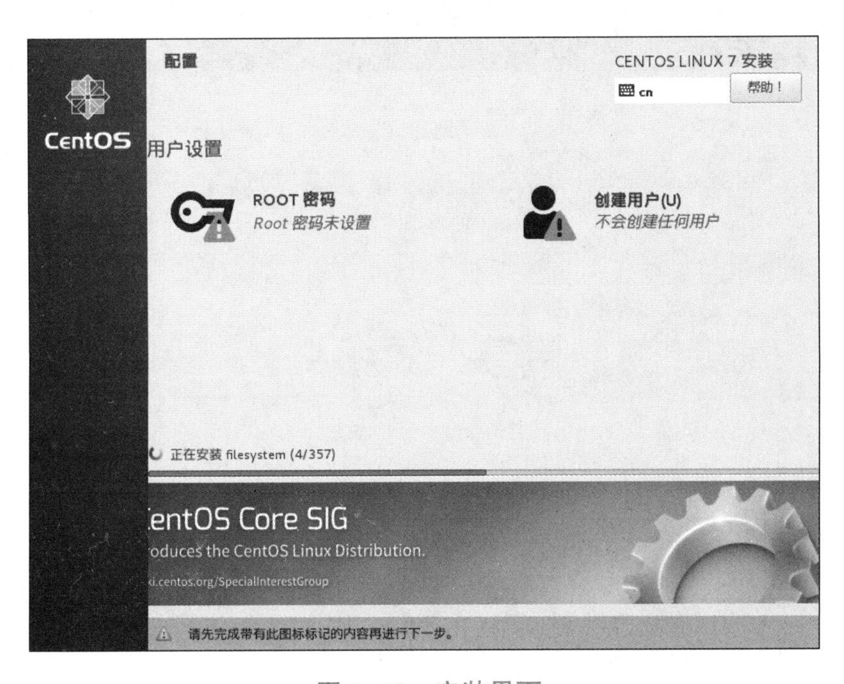

图 1-28　安装界面

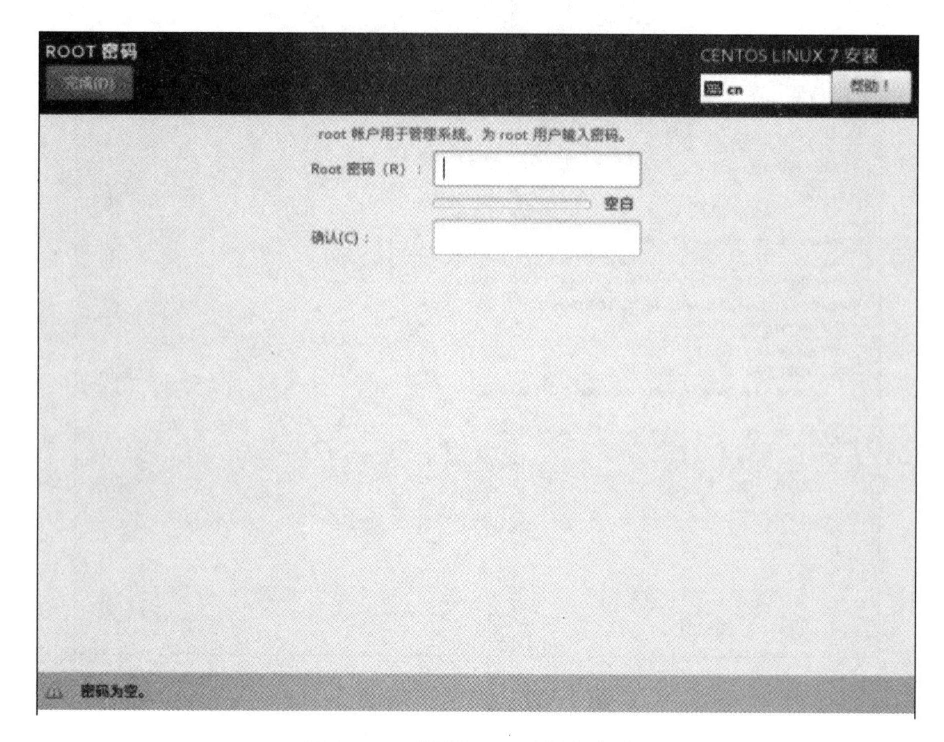

图 1-29　设置 root 账号密码

(2)创建用户：root 账户具备最高权限，使用 root 账户登录系统时，如果不小心误操作，可能引发严重后果。因此，不建议使用 root 账户直接登录和进行日常操作，只在执行管理职能时临时切换到 root 账户，完成管理操作就立刻退出，或者直接使用“sudo”命令临时提升权限。因此，我们需要创建日常使用的普通用户账户，如图 1-30 所示。

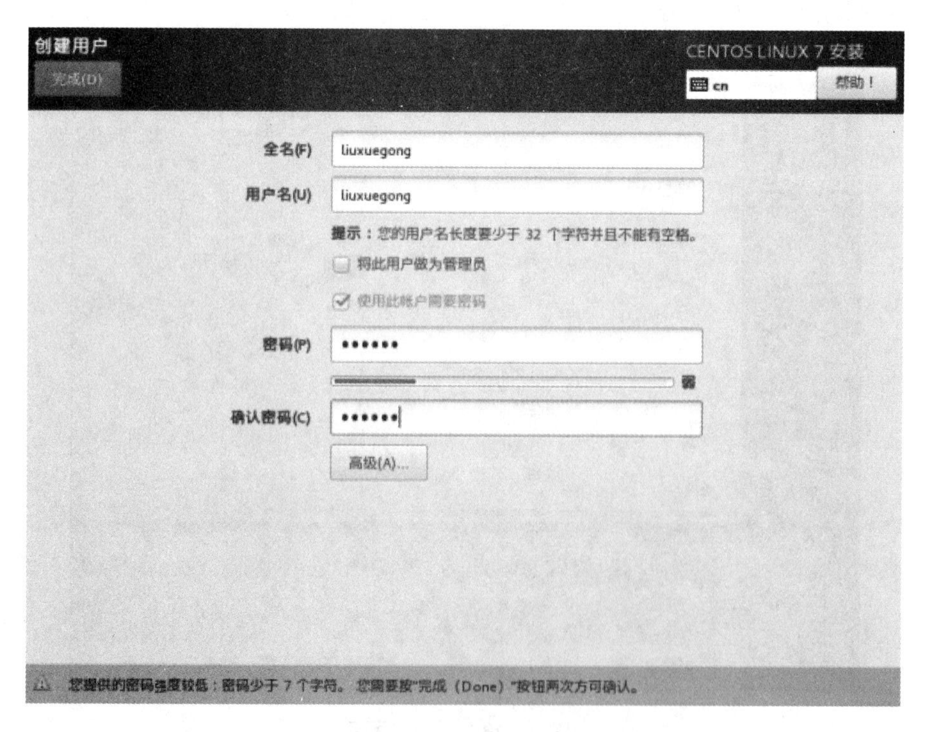

图 1-30　创建用户

（3）设置完成，等待安装完成，如图 1-31 所示。

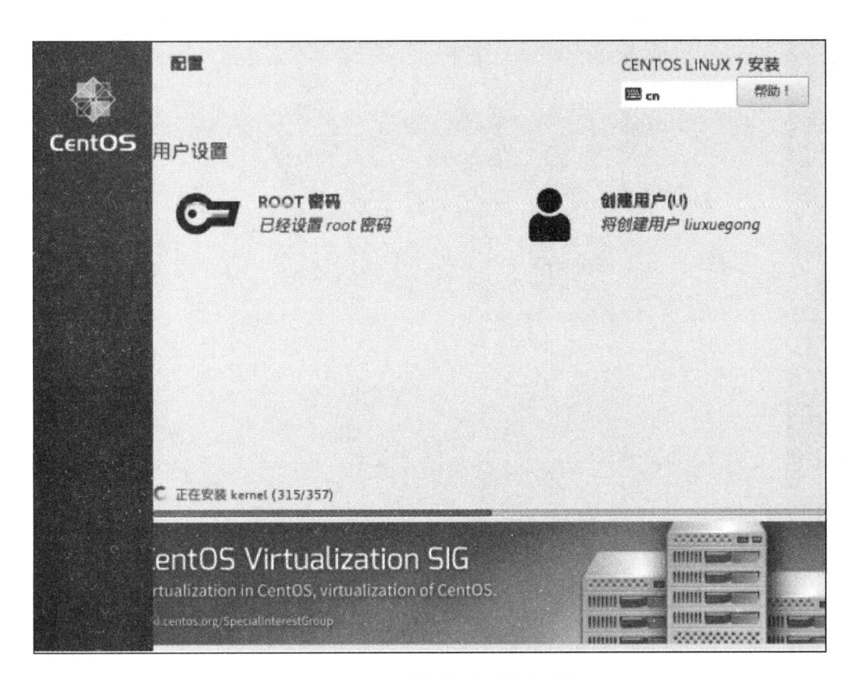

图 1-31 等待安装完成

（4）安装完毕，单击“重启”按钮，重新启动系统，如图 1-32 所示。

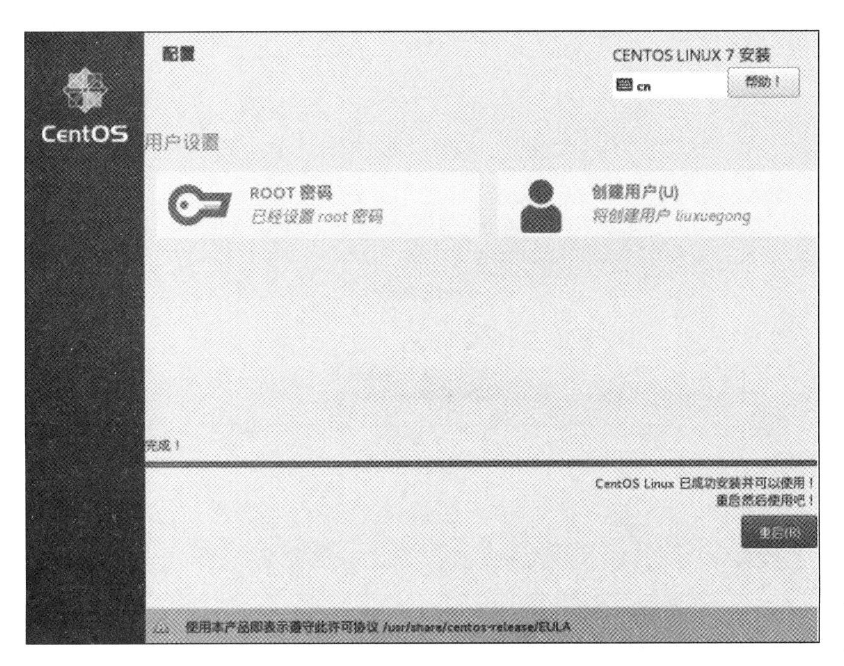

图 1-32 重新启动系统

（5）同意许可协议，并进行网络和主机名设置，如图 1-33 所示。

（6）安装完成，正常使用系统，如图 1-34 所示。

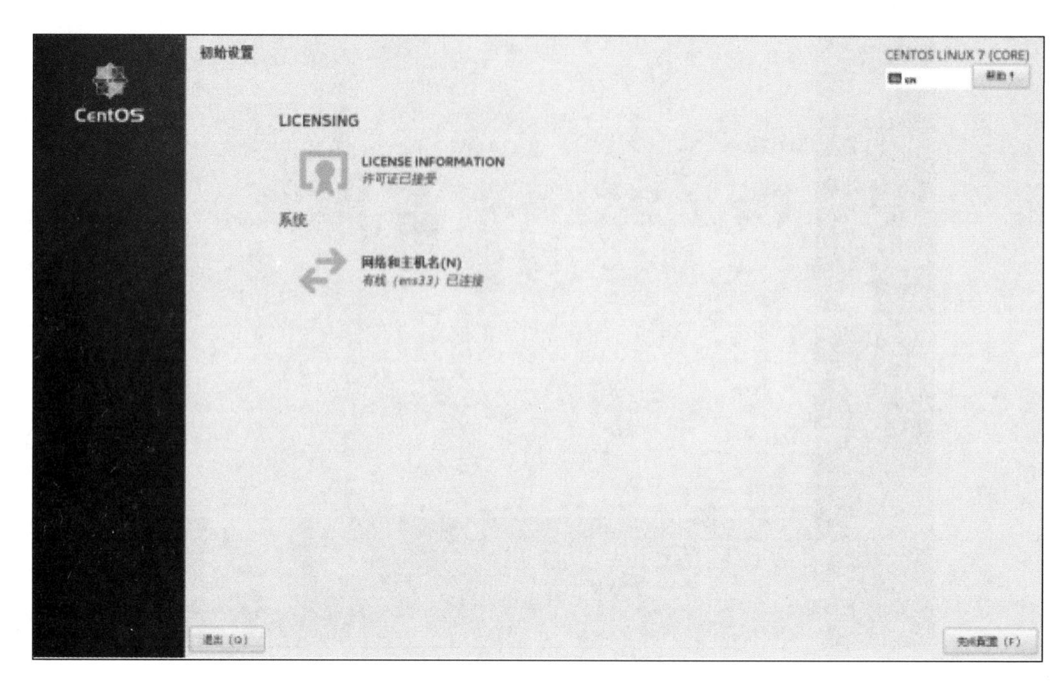

图 1-33　网络和主机名设置

图 1-34　安装完成

任务3 使用命令行方式进行操作系统管理

在本任务中我们要关注3个问题：

(1) CentOS Linux 7的启动过程。了解服务器的启动、命令执行、关机和重启等基本操作。

(2) CentOS Linux 7的文件系统。学习关于分区的知识和管理分区的技能。

(3) CentOS Linux 7的文件操作。在Linux操作系统下，一切皆文件，文件的操作是最基础的命令。

【知识储备】

1.9 操作系统使用初步

1.9.1 命令行界面与图形用户界面

命令行界面(Command Line Interface，CLI)是指主要以文本方式作为工作元素，并主要以键盘作为输入工具的工作方式。CLI采用直接输入命令和参数的方式直接向计算机发送各种指令来提高工作效率，如图1-35所示。

```
CentOS Linux 7 (Core)
Kernel 3.10.0-514.el7.x86_64 on an x86_64

liuxuegong login: root
Password:
Last login: Fri Feb 24 18:15:59 on tty2
[root@liuxuegong ~]# _
```

图1-35 命令行界面

图形用户界面(Graphical User Interface，GUI)是以图形作为工作元素，并以鼠标、键盘协同作为主要输入工具的工作方式。GUI通常使用大量的图标来标识命令，并且通过组织按钮、工具栏、对话框等元素的方式来试图提高界面的直观性和易用性，如图1-36所示。

在大多数情况下，GUI比CLI更易于使用，而CLI则更高效。

有人把GUI模式称为所见即所得(What You See Is What You Get，WYSIWYG)，用户以自己所习惯的方式向系统传递指令，并可以立刻在屏幕上以最自然的方式看到执行结果，系统

图 1-36　图形用户界面

可以保证展示出来的东西与实际处理(如打印、渲染)后的结果基本保持一致。

CLI 软件的工作方式则被称为所想即所得(What You Think Is What You Get，WYTIWYG)，这种方式的特点在于，虽然没有直观地反映出执行结果，但却能保证执行结果可以和用户的意图一致。因为用户的意图总是以命令加参数的方式精确地传递给系统。

对于 CLI 方式来说，用户想做的任务，系统会一点不打折扣地完成。只要明确知道要做什么，知道怎么下达命令给计算机，就能达到目的。要做到这一点，意味着对系统逐步深入的学习和对命令编程知识的熟练掌握。

对比来看，GUI 则会显示功能图标，看着很清晰，操作也简单，对初学者很友好。作为代价，由于图形界面要使用很多的服务器资源，会对服务器性能造成负面影响。因为服务器的核心功能是为用户提供服务，这些消耗通常会被认为是不必要的浪费，所以很多服务器是不安装 GUI 的。

此外，Linux 操作系统图形用户界面下的管理软件功能相比命令行管理要弱一些，很多配置只能在命令行界面下完成。

基于种种原因，Linux 服务器的管理工作以命令行界面为主。

1.9.2　启动过程与常用服务

计算机启动大致分为 3 个阶段：第一个阶段是计算机生产集成商的任务，它们负责硬件的检测与准备；第二个阶段是系统软件提供商的任务，它们负责加载操作系统；第三个阶段是操作系统执行用户相关的任务，负责为用户准备适合的工作环境并与用户交互。

启动时，信息飞速显示，难以看到详细内容。可以在启动完成后，输入“dmesg”命令来仔细查看启动日志，了解系统的启动过程。如果系统运行有问题，也可以通过启动日志查找启

动时的故障信息。输入“more”命令分屏显示，显示满一屏幕后会暂停，可以按空格键继续看下一页。

分屏查看启动日志信息的命令如下。屏幕显示效果如图1-37所示。

```
#dmesg | more
```

注意：不要忘了中间的竖线。

```
[    0.000000] Initializing cgroup subsys cpuset
[    0.000000] Initializing cgroup subsys cpu
[    0.000000] Initializing cgroup subsys cpuacct
[    0.000000] Linux version 3.10.0-514.el7.x86_64 (builder@kbuilder.d
8.5 20150623 (Red Hat 4.8.5-11) (GCC) ) #1 SMP Tue Nov 22 16:42:41 UTC
[    0.000000] Command line: BOOT_IMAGE=/vmlinuz-3.10.0-514.el7.x86_64
rashkernel=auto rd.lvm.lv=cl/root rd.lvm.lv=cl/swap rhgb quiet LANG=zh
[    0.000000] Disabled fast string operations
[    0.000000] e820: BIOS-provided physical RAM map:
[    0.000000] BIOS-e820: [mem 0x0000000000000000-0x000000000009ebff]
[    0.000000] BIOS-e820: [mem 0x000000000009ec00-0x000000000009ffff]
[    0.000000] BIOS-e820: [mem 0x00000000000dc000-0x00000000000fffff]
```

图1-37　分屏查看启动日志信息

1. 第一个阶段：POST→Boot Sequence(BIOS)→BootLoader→加载操作系统

(1)加电自检检查硬件设备是否存在并良好运行。

用于实现加电自检(Power On Self Test，POST)的代码在主板的ROM(CMOS)芯片上。按开机键后，计算机系统接通电源，各部件开始准备工作，自检程序会检测各功能部件的状态，如果状态良好，就开始进行启动。

(2)运行引导加载器和查询启动顺序。

基本输入输出系统(Basic Input and Output System，BIOS)固化在主板的ROM芯片上。在BIOS信息中查询系统启动顺序(Boot Sequence)，按顺序查找各引导设备，第一个有引导程序的设备即为本次启动要用到的设备。系统启动时可以看到提示，通常是按F2键、F11键或者Delete键进入CMOS设置，有的主板有快捷键，可以直接设置启动顺序。

如图1-38所示。第一项为“Removable Devices”，指可移动设备，通常表示软盘启动；第二项为“Hard Drive”，表示硬盘启动；第三项为“CD-ROM Drive”，表示光盘驱动器启动；第四项和第五项是网络启动项，表示可以通过网络启动。不同的主机设置略有差别。

```
 Removable Devices
+Hard Drive
 CD-ROM Drive
 Network boot from Intel E1000
 Network boot from Intel E1000 #2
```

图1-38　选择启动设备

Linux系统中常用的快捷键(一)

启动时，按照指定顺序开始查找启动目标。本虚拟机没有软盘驱动器，所以第一项略过；第二项硬盘启动项，因为操作系统还没安装，硬盘无法启动，所以也略过；至第三项时查找到光盘驱动器里有光盘，就会从光盘安装。等系统安装完成后，因为硬盘已经可以启动了，所以虽然光盘驱动器仍然能够启动，但是硬盘更优先。如果光盘启动在前，拿走光盘前会重复启动安装，而不会加载硬盘上的操作系统。

如果觉得启动顺序不能满足需要，可以进行调整。

运行引导加载器程序(BootLoader)会提供一个菜单，允许用户选择要启动的系统项，如图1-39所示。它能把用户选定的操作系统内核装载到内存的特定空间中，解压、展开，而后把系统控制权移交给内核程序。

```
CentOS Linux (3.10.0-514.el7.x86_64) 7 (Core)
CentOS Linux (0-rescue-39716a6971a5406ab630b0959789fc7e) 7 (Core)
```

图 1-39　选择要启动的系统项

在现在的 Linux 发行版中，统一引导加载器(Grand Uniform Bootloader，GRUB)是较为流行的引导加载器。

2. 第二个阶段：Kernel→rootfs→switchroot

操作系统内核(Kernel)加载，开始工作。

Kernel 自身初始化后，会探测可识别到的所有硬件设备，加载硬件驱动程序，根文件系统起初以只读方式挂载，Kernel 加载完成后，根文件系统正式以读写方式挂载。接下来会运行初始化系统 systemd 加载系统服务和配置。

3. 第三个阶段：systemd 选择 target，启动对应服务→启动终端→登录

(1) systemd 管理用户服务进程。

systemd 使用 target 文件来进行用户配置。文本界面对应于 multi-user. target，图形界面对应于 graphical. target。系统默认启动的 target 是 default. target，位置在/etc/systemd/system/目录，它是一个符号连接，指向某一个 target。为了便于重新指向和操作，要修改默认运行级别，首先删除已经存在的符号连接“rm /etc/systemd/system/default. target”，然后修改默认运行级别，即把默认运行级别指向新的 target 文件，如转换为文本模式 systemctl enable multi-user. target，最后重新启动 reboot 即可。或者执行systemctl set-default multi-user. target，效果相同。

例如，把默认启动界面设置为 multi-user. target 的命令如下，如图 1-40 所示。

```
#ls -l /etc/systemd/system/default.target
#systemctl set-default multi-user.target
```

如果用多用户文本环境(multi-user. target)启动，但是也安装了图形环境，可以执行命令"startx"进入图形用户界面。

```
[root@liuxuegong ~]# ls /etc/systemd/system/
basic.target.wants                             default.target              sockets.
dbus-org.fedoraproject.FirewallD1.service      default.target.wants        sysinit.
dbus-org.freedesktop.NetworkManager.service    getty.target.wants          system-u
dbus-org.freedesktop.nm-dispatcher.service     multi-user.target.wants
[root@liuxuegong ~]# ls /etc/systemd/system/default.target -l
lrwxrwxrwx. 1 root root 37 Dec 28 19:57 /etc/systemd/system/default.target ->
lti-user.target
```

```
[root@liuxuegong ~]# systemctl set-default multi-user.target
Removed symlink /etc/systemd/system/default.target.
Created symlink from /etc/systemd/system/default.target to /usr/
```

图1-40　默认启动界面设置

例如，查看正在运行的target文件的命令如下，如图1-41所示。系统启动后，可以查看当前正在运行的target文件，可以看到有17个target文件正在运行，其中包括multi-user. target。每个target文件包含一部分功能。

```
#systemctl list-units --type=target
```

```
[root@localhost /]# systemctl list-units --type=target
UNIT                   LOAD   ACTIVE SUB    DESCRIPTION
basic.target           loaded active active Basic System
bluetooth.target       loaded active active Bluetooth
cryptsetup.target      loaded active active Encrypted Volumes
getty.target           loaded active active Login Prompts
local-fs-pre.target    loaded active active Local File Systems (Pre)
local-fs.target        loaded active active Local File Systems
multi-user.target      loaded active active Multi-User System
network-online.target  loaded active active Network is Online
network.target         loaded active active Network
paths.target           loaded active active Paths
remote-fs.target       loaded active active Remote File Systems
slices.target          loaded active active Slices
sockets.target         loaded active active Sockets
sound.target           loaded active active Sound Card
swap.target            loaded active active Swap
sysinit.target         loaded active active System Initialization
timers.target          loaded active active Timers

LOAD   = Reflects whether the unit definition was properly loaded.
ACTIVE = The high-level unit activation state, i.e. generalization of SUB.
SUB    = The low-level unit activation state, values depend on unit type.

17 loaded units listed. Pass --all to see loaded but inactive units, too.
To show all installed unit files use 'systemctl list-unit-files'.
[root@localhost /]#
```

图1-41　查看系统启动时哪些target文件在运行

在 CentOS Linux 7 中，使用“systemctl”命令来控制服务，具体命令如下。

```
# systemctl start |stop |restart |status name[.service]
```

其中，start 表示启动服务，stop 表示关闭服务，restart 表示重新启动服务，status 表示显示服务状态信息，name 是要管理的服务名称。

我们可以通过对 target 文件进行相应的配置启用或者关闭相应的服务。企业场景中经常用的启动服务如表 1-1 所示。

表 1-1　企业场景中经常用的启动服务

服务名称	服务功能介绍
crond	该服务用于周期性地执行系统及用户配置的计划任务。有要周期性执行的任务计划需要开启时，此服务是生产场景中必须用的一个软件。简单理解，这个服务就是在指定的时间完成指定的任务
firewalld	防火墙，拦截外界非法信息，安全必备
NetworkManager	网络管理服务，配置网络必备
sshd	远程连接 Linux 服务器时需要用到这个服务程序，所以必须开启，否则将无法远程连接到服务器。绝大多数情况下，服务器都放在互联网数据中心(Internet Data Center，IDC)机房。想要操作计算机，就需要远程连接
rsyslog	该服务是操作系统提供的一种日志服务，系统的守护程序通常会使用它将各种信息收集写入系统日志文件中
sysstat	该服务是一个软件包，包含监测系统性能及效率的一组工具。这些工具对于 Linux 操作系统性能数据很有帮助，比如中央处理器(Central Processing Unit，CPU)使用率、硬盘和网络吞吐数据等，这些数据的分析有利于判断系统运行是否正常。它是提高系统运行效率、安全运行服务的助手

例如，管理 firewalld 服务的命令如下。

```
#systemctl start firewalld.service
  启动 firewalld 服务
#systemctl stop firewalld.service
  停止 firewalld 服务
#systemctl restart firewalld.service
  重新启动 firewalld 服务
#systemctl status firewalld.service
  查看 firewalld 服务的状态
#systemctl enable firewalld.service
  把 firewalld 服务设置为开机自动启动
```

(2)启动用户接口，接受用户操作。

接下来，根据启动设置的不同，multi-user.target 会启动命令行界面，graphical.target 会启

动图形用户界面，让用户登录和使用系统。

一般情况下，Linux 操作系统会启动 tty1～tty7 共 7 个虚拟终端，其中 tty1～tty6 是命令行界面，tty7 是图形用户界面。终端切换使用 Ctrl+Alt+F1～F7 组合键即可(如果没有运行图形用户界面，可以使用 Alt+F1～F6 组合键切换)。VMware 虚拟机占用了 Ctrl+Alt 快捷键，所以需要为虚拟机重新设置相应的快捷键。在 VMware 菜单条中选择“编辑”→“首选项”，在弹出的对话框中选择“热键”，把淡蓝色选中的 Ctrl 键和 Alt 键修改成别的组合，比如 Ctrl 键和 Shift 键，然后单击“确定”按钮保存设置后退出，如图 1-42 所示。这样，就可以使用 Ctrl+Alt+F1～F7 组合键在 Linux 的多个虚拟终端之间切换了。

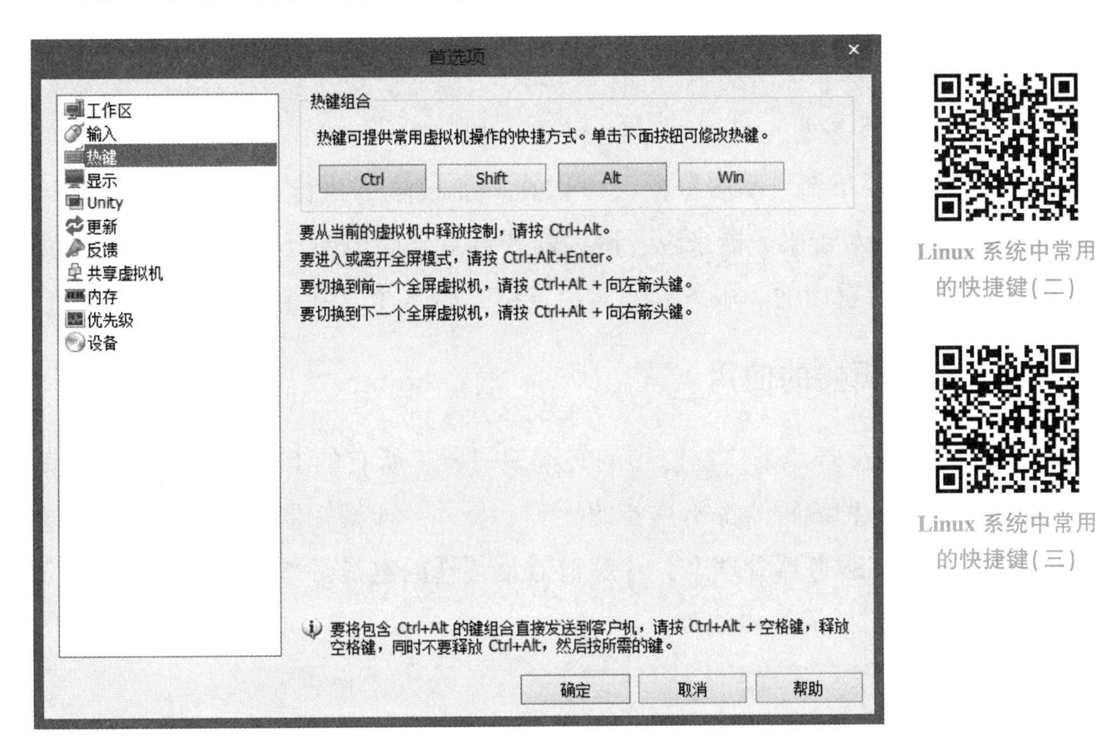

图 1-42　修改虚拟机快捷键设置

Linux 系统中常用的快捷键(二)

Linux 系统中常用的快捷键(三)

1.9.3　登录与退出系统

Linux 系统是多用户的操作系统，每次启动时都需要验证用户身份，需要用户进行登录。

在安装过程中设置了系统最高管理权限账户 root 的密码，所以可以使用 root 账户登录系统；也创建了至少一个普通用户账户，设置了用户名和用户密码，所以也可以使用普通用户账户进行登录，如图 1-43 所示。系统启动成功后，屏幕显示提示信息“localhost login:”，这时输入用户名 root，然后按 Enter 键。接下来，用户会在屏幕上看到输入密码的提示“Password:”，此时输入密码，再按 Enter 键。输入密码时，密码不会在屏幕上显示。当用户正确地输入用户名和密码后，屏幕显示“#”提示符，说明该用户已经登录到系统中，可以进行操作了。这里的“#”提示符是 root 账户的系统提示符。如果是普通用户登录，登录成功后显示“$”，“$”提示符是普通用户账户的提示符。

```
CentOS Linux 7 (Core)
Kernel 3.10.0-514.el7.x86_64 on an x86_64

localhost login: root
Password:
Last login: Thu Jan 26 08:47:13 on tty2
[root@localhost ~]#
```

图 1-43　系统登录

系统关机和重启命令

不论是 root 账户，还是普通用户账户，需要退出系统时，在 Shell 提示符下输入“exit”命令即可。

如果想要关闭服务器，可以在 root 权限下执行“systemctl poweroff”命令或“shutdown -h now”命令；如果想要重新启动服务器，可以在 root 权限下执行“systemctl reboot”命令或“shutdown -r now”命令。对于服务器来说，因为需要连续不断地向互联网提供服务，所以没有特殊情况是不会关机或者重启的。服务器通常会连续运行数个月甚至数年。

1.9.4　vi 编辑器的使用

vi 编辑器是 Linux 环境下广泛使用的文本编辑器。所有的 Linux 发行版中都安装了 vi 编辑器，这是其他任何一种编辑器都不具备的优势。另外，vi 编辑器也具备很强的编辑功能，是流行的编辑器之一。在服务器管理上，vi 编辑器是首选的也是必须掌握的编辑器。

使用 vi 编辑器时的简洁语法如下。

```
#vi 文件名
```

vi 编辑器的工作模式共分为 3 种，分别是命令模式、编辑模式与末行模式，如图 1-44 所示。

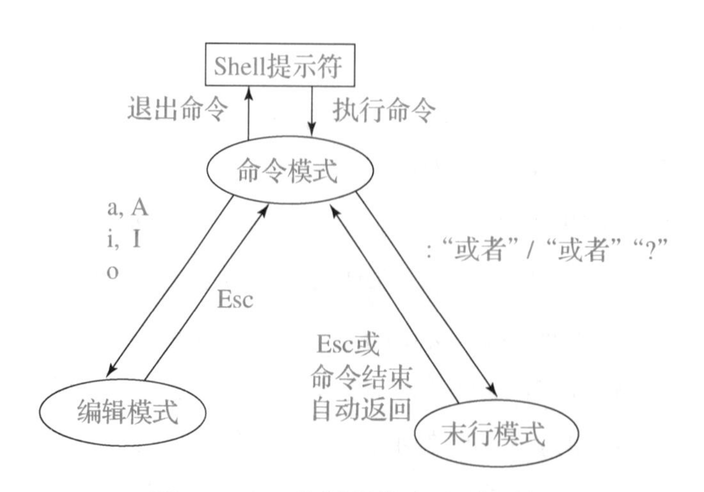

图 1-44　vi 编辑器的 3 种工作模式

打开文件直接进入命令模式，在命令模式下，可以使用表 1-2 所示的按键进入文本编辑模式。

表 1-2　命令及功能介绍

命令	功能介绍
a	在当前光标后面添加文本
A	在当前光标所在行的行尾添加文本
i	在当前光标前面添加文本
I	在当前光标所在行的行首添加文本
o	在当前光标所在行的下方添加一行，并且在新加行的行首添加文本

在编辑模式下，当用户希望回到命令模式时，只能使用 Esc 键切换到命令模式。

在命令模式下，输入“ :”“/”“？”中的任何一个，都可以将光标移动到屏幕最底下那一行，通常把这种工作模式称为末行模式(Last Line Mode)。在末行模式下，提供了搜索、读取文件、存盘、查找替换、离开 vi、显示行号等功能。

vi 编辑器的功能如下。

1. 删除功能

在 vi 编辑器的编辑模式下，用户可以使用 BackSpace 键来删除光标前面的内容，还可以使用 Delete 键来删除当前的字符。在 vi 编辑器的命令模式下，还提供了几个命令来删除一个字符或进行整行删除，命令及功能如表 1-3 所示。

表 1-3　vi 命令模式下删除命令及功能

命令	功能
x	删除当前光标所在的字符
dw	删除当前光标所在单词字符至下一个单词开始的几个字符
d $ 或 Shift+d	删除从当前光标至行尾的所有字符
dd	删除当前光标所在的行

表 1-3 中所述的命令，如 dw 表示先按下 d 键，再按下 w 键。此外，用户还可以在使用删除命令时指定要删除的行及字符的数量。其用法如下。

(1)3x：表示删除从当前光标所在位置开始向后的 3 个字符。

(2)4dd：表示删除从当前光标所在的行开始连续向后的 4 行。

vi 编辑器提供了以行号表示范围的删除方法，在命令模式下输入“:set number”或“:set nu”以显示行号，再按“开始行号，结束行号 d”语法输入删除命令，这样从开始行到结束行都将被删除。例如，要删除第 4 行到第 6 行的内容，可以使用如下命令。

```
:4,6 d<Enter>
```

命令输入结束后，vi 编辑器会在状态行中显示被删除的行数。

2. 撤销功能

对于一个编辑器来说，提供撤销功能是必要的。用户在命令模式下输入“:u”后按 Enter 键，就可以撤销上一次操作。

在 vi 编辑器中，撤销功能每一次撤销的是自上次存盘到现在输入的内容，因此撤销能够恢复到最原始的状态，但是此时用户不能使用“:q”命令来退出 vi，因为此时用户已经修改了缓冲区的内容。如果确实需要退出 vi 编辑器，可以在命令模式下使用“:q!”命令。

3. 复制与粘贴功能

复制与粘贴是 vi 编辑器常用的功能，vi 编辑器在命令模式下可以方便地实现，如表 1-4 所示。

表 1-4　vi 命令模下复制与粘贴命令及功能

命令	功能
yw	将光标所在之处到字尾的字符复制到缓冲区中
yy	复制光标所在行到缓冲区中
#yy	例如，6yy 表示复制从光标所在的行“往下数”6 行文字
p	将缓冲区内的字符粘贴到光标所在位置。注意：所有与“y”有关的复制命令都必须与“p”命令配合才能完成复制与粘贴功能

4. 查找与替换功能

vi 编辑器同样提供了字符串查找功能，用户可以进行从当前光标开始向前和向后的字符串查找操作，还可以重复上一次查找，如表 1-5 所示。当 vi 编辑器查找到文本的头部或尾部时，继续循环查找，直到全部文本被查找一遍。被找到的字符串会以反白显示。在 vi 编辑器中查找可以使用匹配查找，使用“.”代表一个任意字母。如使用“:/d.c”命令可以找到“dpc”字符串。另外，vi 编辑器的字符串查找是区分大小写的，如“Dpc”和“dpc”不同。

表 1-5　vi 命令模式下查找命令及功能

命令	功能
? 字符串	从当前光标位置开始向后查找字符串
/字符串	从当前光标位置开始向前查找字符串
n	继续上一次查找
Shift+n	以相反的方向继续上一次查找

查找并替换的命令如下。

```
:[替换范围]s/要替换的内容/替换成的内容/[c,e,g,i]
```

替换范围指定从第几行开始到第几行结束。例如，“1,8”表示从第 1 行到第 8 行；“1, $ ”表示从第 1 行到最后一行，即整篇文章的范围，%也表示整篇文章。

c 表示替换前会进行询问；

e 表示不显示错误；

g 表示不询问，整行替换；

i 表示不分大小写。

例如：

“：s/testword/sky1/”表示替换当前行第一个 testword 为 sky1，“：1， $ s/testword/sky2/”表示替换整篇文章第一个 testword 为 sky2 ，“:% s/testword/sky3/g”表示替换整篇文章所有 testword 为 sky3。

5. 环境设置

在 vi 编辑器中有很多环境参数可以设置，通过环境参数的设置可以增加 vi 编辑器的功能。这里仅介绍 vi 编辑器常用的参数，这些参数可以在 vi 编辑器的命令模式下设置，或者在/etc/vim/vimrc 中设置，vi 编辑器启动时就会使用 vimrc 中的参数来初始化 vi 编辑器。

vi 编辑器的常用参数设置命令及效果如表 1-6 所示，其中，“set”命令是用来设置这些参数的。

表 1-6　vi 编辑器的常用参数设置命令及效果

设置命令	设置效果
:set ai 或:set autoindent	自动缩进，每一行开头都与上一行的开头对齐
:set nu 或:set number	在编辑时显示行号
:set dir=./	将交换文件 . swp 保存在当前目录
:set sw=4 或:set shiftwidth=4	设置缩进的字符数为 4
:syntax on	开启语法着色

注意：

学习和使用 vi 编辑器就像弹钢琴，稍微学学，谁都可以弹出《两只老虎》的旋律，但是要弹出美妙的音乐，需要深入学习和不断练习。这里介绍的是 vi 编辑器的常用功能，并不是全部，使用 vi 编辑器的技巧更需要自己不断探索和掌握。

【任务实践】

1.10 文件系统管理

1.10.1 Linux 磁盘分区和目录

Linux 的文件系统是单一的树状结构。用户在使用中会把硬盘分成若干部分，称为分区。在 Linux 环境下，任何一个分区都必须挂载到这棵“树”的某个目录下。

目录是文件系统目录树上的某个位置，分区是物理上的某块空间，所有分区都必须挂载到目录树中某个具体的目录下才能进行读写操作。

“/”(根目录)是 Linux 目录树的最上层唯一节点，整个文件系统所有的文件和目录都存储在它之下的某个节点。在安装操作系统时，用户会把创建的某一个磁盘分区挂载到根目录下。如果还有其他的分区，用户可以把它们挂载到文件系统的某一个目录下，如“/boot”“/mnt”或者任意一个子目录下，之后才能对分区上的文件进行正常的读写。

查看根目录下的子目录的命令如下。例如，看根目标下的第一级子目录，如图 1-45 所示。

```
#ls /
```

图 1-45 根目录下的第一级子目录

常用的文件管理命令

为什么要把硬盘分区呢？把所有空间分成一个区，所有用户和应用可以共享资源，可以最有效地利用磁盘空间，似乎也是不错的方案。这样，用户可以把这个包含所有空间的分区直接设置为根目录，这是最简单的方法。

但是，在实际工作中，分区才是常态。对硬盘进行分区可以提升系统性能和效率。

(1)分区后可以把不同的资料分别放入不同分区中管理，这样，当磁盘出现局部故障时，其他分区不会受到影响。另外，太大的分区存储太多的信息，会直接导致搜索变慢，数据访问效率降低。再者，“/home”(用户主目录)、“/var”(网站、文件传输协议、电子邮件等服务工作目录)、“/usr/local”(用户软件安装目录)等目录文件操作频繁，容易产生磁盘碎片，通常应该单独分区。

(2)对于服务器来说，稳定的要求超乎一切。如果服务器配置不当，某些用户或者服务可能会占据大量磁盘空间，严重时有可能耗尽整个磁盘空间，最终导致服务器不稳定甚至死机。

如果把用户主目录“/home”和服务所使用的目录“/var”单独分区，那么即使耗尽了用户所在分区的所有磁盘空间，也不会影响到根分区，进而影响整个系统的稳定。

我们可以使用命令查看分区和目录的使用情况。“fdisk -l”命令可以查看磁盘分区表，“df”命令可以查看各分区的使用情况，“du”命令可以查看目录下各文件占用空间的情况。

例如，查看磁盘分区情况的命令如下，结果如图 1-46 所示。

```
#fdisk - l
```

```
[root@localhost ~]# fdisk -l

Disk /dev/sda: 21.5 GB, 21474836480 bytes, 41943040 sectors
Units = sectors of 1 * 512 = 512 bytes
Sector size (logical/physical): 512 bytes / 512 bytes
I/O size (minimum/optimal): 512 bytes / 512 bytes
Disk label type: dos
Disk identifier: 0x0006e868

   Device Boot      Start         End      Blocks   Id  System
/dev/sda1   *        2048     2099199     1048576   83  Linux
/dev/sda2         2099200    41943039    19921920   8e  Linux LVM

Disk /dev/mapper/cl-root: 18.2 GB, 18249416704 bytes, 35643392 sectors
Units = sectors of 1 * 512 = 512 bytes
Sector size (logical/physical): 512 bytes / 512 bytes
I/O size (minimum/optimal): 512 bytes / 512 bytes


Disk /dev/mapper/cl-swap: 2147 MB, 2147483648 bytes, 4194304 sectors
Units = sectors of 1 * 512 = 512 bytes
Sector size (logical/physical): 512 bytes / 512 bytes
I/O size (minimum/optimal): 512 bytes / 512 bytes
```

图 1-46　查看磁盘分区情况的结果

从图 1-46 中可以看出，虚拟机有一块磁盘，设备名称是/dev/sda，共 21.5GB 存储空间；磁盘被分成两个分区，即/dev/sda1 和/dev/sda2，其中 sda1 分区是启动分区，分区 sda2 是使用卷管理。sda2 下面又分了两个卷，“d-root”卷占 18.2GB，“d-suap”卷占 2GB(2147MB)。使用“fdisk-l”命令并不能看到这些分区的挂载位置，只能查看磁盘的分区情况。

例如，查看分区挂载情况的命令如下，结果如图 1-47 所示。

```
#df
```

```
[root@localhost ~]# df
Filesystem          1K-blocks    Used Available Use% Mounted on
/dev/mapper/cl-root  17811456 3677088  14134368  21% /
devtmpfs               230944       0    230944   0% /dev
tmpfs                  241928       0    241928   0% /dev/shm
tmpfs                  241928    4696    237232   2% /run
tmpfs                  241928       0    241928   0% /sys/fs/cgroup
/dev/sda1             1038336  141664    896672  14% /boot
tmpfs                   48388       0     48388   0% /run/user/0
```

图 1-47　查看分区挂载情况的结果

从图 1-47 中可以看出，18.2GB 的“cl-root”卷挂载在“/”目录下，是根分区；/dev/sda1 挂载在“/boot”目录下，是启动分区；上一条“fdisk”命令查看到的 2GB 的“cl-swap”卷不需要挂载，是交换分区。图中还有一些 tmpfs 之类的，这些实际上是内存，系统运行时创建的虚拟分区。另外，交换分区 swap 在这里并不显示。

例如，查看/root 目录下所有文件所占用磁盘空间的命令如下，结果如图 1-48 所示。

```
#du -sh /root
```

```
[root@localhost ~]# du -sh /root
36K     /root
```

图 1-48　查看/root 目录下的文件所占用磁盘的结果

从图 1-48 中可以看出，/root 目录下的文件和子目录共占用 36KB 的存储空间。

1.10.2　使用 mount 命令挂载设备分区

当要使用某个设备，如要读取磁盘中的一个格式化好的分区、光盘或 U 盘等设备时，必须先把这些设备对应到某个目录上，而这个目录就称为挂载点(mount point)，这样才可以读取这些设备，而这些对应的操作就称为挂载。使用“mount”命令可以进行挂载操作。

所有的磁盘分区都必须被挂载才能使用，那用户们计算机上的磁盘分区是如何被自动挂载的呢？

操作系统在启动时会查看“/etc/fstab”文件。每次启动时它都会根据 fstab 文件中的信息自动挂载文件系统。操作系统启动时移动硬盘和 U 盘一般不会连接在计算机上，所以它们通常不会设置为自动挂载，而需要使用“mount”命令来手动挂载。

1. “mount”命令的使用方法

“mount”命令的使用方法如下。

```
#mount [-t vfstype] [-o options] device dir
```

(1)-t vfstype：用来指定虚拟文件系统的类型。通常不必指定，mount 会自动选择正确的类型。常用设备名称及类型如表 1-7 所示。

表 1-7　常用设备名称及类型

设备名称	设备类型
光盘或光盘镜像	iso9660
DOS FAT 16 文件系统	msdos
Windows 9x FAT 32 文件系统	vfat
Windows NT NTFS 文件系统	ntfs
Windows 文件共享	smbfs
UNIX(Linux)文件共享	nfs

(2)-o options：主要用来描述设备或文件的挂接方式。“mount”命令的挂载选项如表 1-8 所示。

表 1-8 “mount”命令的挂载选项

选项	功能介绍
loop	用来把一个文件当成磁盘分区挂接上系统
ro	采用只读方式挂接设备
rw	采用读写方式挂接设备
iocharset	指定访问文件系统所用字符集

(3)device：要挂载的设备。

(4)dir：设备在系统上的挂载点。

2. 挂载光盘

要挂载光盘，首先需要使用“mkdir”命令来创建要挂载的目录，然后使用“mount”命令进行挂载，光盘的默认设备名称是/dev/cdrom，光盘的文件类型是 iso9660。如果要挂载的是光盘的镜像文件，需要添加“-o loop”参数。

创建光盘的挂载目录的命令如下。

```
#mkdir /mnt/cdrom1
```

挂载光盘到/mnt/cdrom1 的命令如下。其中，/dev/cdrom 是光盘驱动器的设备文件。

```
#mount -t iso9660 /dev/cdrom /mnt/cdrom1
```

查看光盘下的内容的命令如下。

```
#ls /mnt/cdrom1
```

创建光盘镜像的挂载目录的命令如下。

```
#mkdir /mnt/cdrom2
```

挂载光盘映像 . iso 文件，要加上-o loop 进行挂载，命令如下。

```
#mount -o loop -t iso9660 /pathtofile/you.iso /mnt/cdrom2
```

查看光盘镜像下的内容的命令如下。

```
#ls /mnt/cdrom2
```

3. 挂载 U 盘或者移动硬盘

对 Linux 操作系统而言，通用串行总线(Universal Serial Bus，USB)接口的 U 盘和移动硬盘一样，是被当作小型计算机系统接口(Small Computer System Interface，SCSI)设备对待的。插入 U 盘或者接入移动硬盘之前，应先用“fdisk -l”或“more /proc/partitions”查看系统的磁盘和磁盘分区情况。SCSI 磁盘(SCSI Disk)，系统会标识为“sd”，第一块硬盘用“a”表示，后面依次用“b”“c”“d”来表示。每块磁盘可以分成多个分区，序号依序是 1、2、3、4 等，1~4 是主分区，从 5 开始是逻辑分区。

以 U 盘为例，使用“fdisk -l”查看未挂载 U 盘时的磁盘分区情况的命令如下，结果如图 1-49 所示。

```
#fdisk - l
```

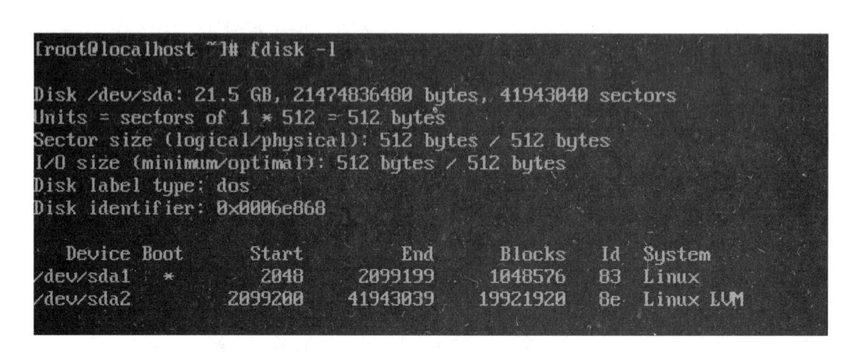

图 1-49　查看磁盘分区情况

如图 1-49 所示，虚拟机当前配置有一块磁盘，被识别为 sda。磁盘包括两个分区，sda1 和 sda2。

插入 U 盘后，再用“fdisk -l”或“more/proc/partitions”查看系统的磁盘和磁盘分区情况。

因为当前工作环境是虚拟机，所以可能还需要设置一下虚拟机来连接 USB 接口的设备。

选择菜单中的“虚拟机”→“可移动设备”，找到要挂载的 U 盘设备，选择“连接(断开与主机的连接)”选项，连接 U 盘，如图 1-50 所示。

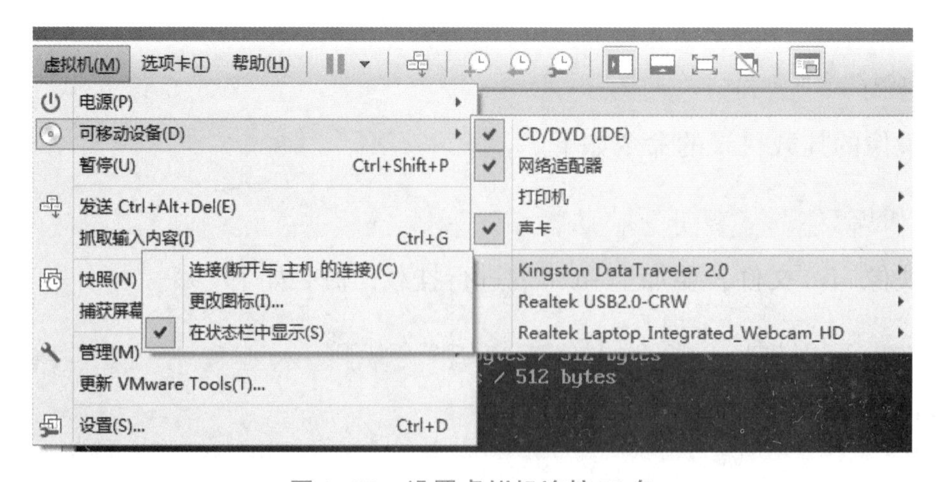

图 1-50　设置虚拟机连接 U 盘

完成后，再查看磁盘和磁盘分区信息，命令如下。如图 1-51 所示，可以看到新增了一个磁盘/dev/sdb，上面有一个分区/dev/sdb1，类型是 W95 FAT32，这就是连接的 U 盘。

```
#fdisk - l
```

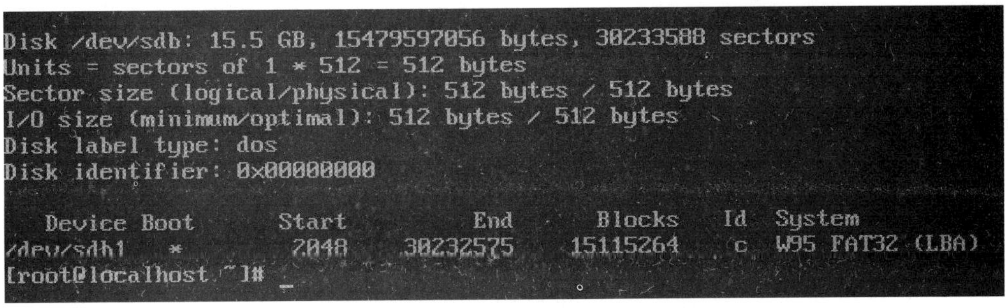

```
Disk /dev/sdb: 15.5 GB, 15479597056 bytes, 30233588 sectors
Units = sectors of 1 * 512 = 512 bytes
Sector size (logical/physical): 512 bytes / 512 bytes
I/O size (minimum/optimal): 512 bytes / 512 bytes
Disk label type: dos
Disk identifier: 0x00000000

   Device Boot      Start         End      Blocks   Id  System
/dev/sdb1   *        2048    30232575    15115264    c  W95 FAT32 (LBA)
[root@localhost ~]# _
```

图 1-51　查看连接的 U 盘信息

使用查到的 U 盘的名称作为挂载参数，创建挂载目录，并进行挂载，挂载文件系统类型为 vfat。如果要显示中文信息，可以增加参数“-o iocharset=cp936”，设定字符集是简体中文。

创建挂载目录的命令如下。其中，-p 参数的作用是，如果目标目录的上级目录不存在，就一并创建。

```
#mkdir -p /mnt/usb1
```

挂载 U 盘的命令如下。其中，vfat 是文件系统，即刚才查到的 W95 FAT32，/dev/sdb1 是刚才查到的设备名。

```
#mount -t vfat /dev/sdb1 /mnt/usb1
```

查看 U 盘上的信息的命令如下。

```
#ls /mnt/usb1
```

4. 使用“umount”命令卸载设备

挂载的设备不再使用时，可以把它卸载。卸载设备使用的命令是“umount 设备名 | 挂载位置”。然后，执行以下任意一个命令对先前挂载的 U 盘设备进行卸载。

首先，查看已挂载设备上的信息，命令如下。

```
#ls /mnt/usb1
```

(1)使用已挂载设备名进行卸载，命令如下。

```
#umount /dev/sdb1
```

(2)使用已挂载设备的挂载位置进行卸载，命令如下。

```
#umount /mnt/usb1
```

最后，再次查看挂载位置，命令如下。结果应该是空目录了。

```
#ls /mnt/usb1
```

1.10.3　文件类型

Linux 操作系统下的文件类型有普通文件、目录文件、链接文件和特殊文件 4 种，可以通过“ls -l”“file”“stat”几个命令来查看文件的类型等相关信息。

使用“ls -l”可以用长格式显示文件信息，信息第一部分由 10 个字符构成，第 1 个字符表示文件类型，“-”表示普通文件，“d”表示目录文件，“l”表示链接文件，其他表示特殊文件。接下来 9 个字符分成 3 组，每组 3 位，分别对应文件的读、写、执行 3 种权限，用“rwx”表示，对应位为“-”表示不具备对应权限。第一组的 3 位设置的是文件的属主对文件具有的权限，第二组的 3 位设置的是和属主同组用户对文件具有的权限，第三组的 3 位设置的是其他用户对文件具有的权限。

例如，查看 anaconda-ks. cfg 文件的权限信息，命令如下，结果如图 1-52 所示。

```
#ls -l anaconda-ks. cfg
```

```
[root@localhost ~]# ls -l anaconda-ks.cfg
-rw-------. 1 root root 1431 Dec 28 19:58 anaconda-ks.cfg
```

图 1-52　查看文件属性

图 1-52 中文件信息的第一列是文件属性“- | rw- | --- | ---”：第一位“-”表示文件是普通文件；之后的“rw-”表示文件属主具备的权限是读和写，不能执行；之后的“---”表示文件属主的同组用户对文件不具备读、写和执行权限，最后的 3 位“---”表示其他用户对文件不具备读、写和执行权限。第二列是文件的节点(inode)数，表示此文件有几个硬连接引用，“1”表示除了自己没有别的引用。第三列是文件属主的用户名“root”。第四列是文件属主所属的组名称“root”。第五列是文件大小，“1431”表示 1431 字节。第六列是创建文件时间“Dec 28 19:58”，表示 12 月 28 日 19 点 58 分。第七列是文件名称“anaconda-ks. cfg”。

Linux 操作系统中的文件类型如表 1-9 所示。

表 1-9　文件的类型

符号	文件类型	文件类型介绍
-	普通文件	包括纯文本文件和二进制文件
d	目录文件	目录，存储文件的容器
l	链接文件	指向一个文件或目录的文件
其他	特殊文件	块设备文件(b)、字符设备文件(c)、管道设备文件(p)、socks 套接字设备文件(s)

Linux 操作系统中不同类型的文件默认显示不同颜色：普通文件显示为白色，目录文件显示为蓝色，可执行性文件显示为绿色，包文件显示为红色，链接文件显示为青蓝色，设备文件显示为黄色。

例如，查看不同类型文件的默认显示颜色，命令如下，结果如图 1-53 所示。

```
#ls -l
```

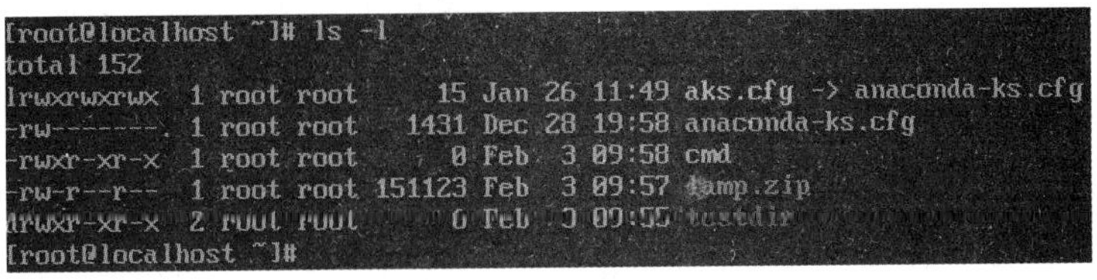

```
[root@localhost ~]# ls -l
total 152
lrwxrwxrwx  1 root root      15 Jan 26 11:49 aks.cfg -> anaconda-ks.cfg
-rw-------. 1 root root    1431 Dec 28 19:58 anaconda-ks.cfg
-rwxr-xr-x  1 root root       0 Feb  3 09:58 cmd
-rw-r--r--  1 root root  151123 Feb  3 09:57 lamp.zip
drwxr-xr-x  2 root root       6 Feb  3 09:55 testdir
[root@localhost ~]#
```

图 1-53　文件类型与默认显示颜色(一)

从图 1-53 中可以看出，aks. cfg 文件属性位是“l”，是链接文件，显示为青蓝色；anacondaks. cfg文件属性位是“-”，是普通文件，显示为白色；cmd 文件属性位是“-”，是普通文件，文件权限位有“x”，表示有执行权限，说明是可执行文件，显示为绿色；lamp. zip 的属性位也是“-”，是普通文件，显示为红色，是包文件；testdir 文件属性位是“d”，是目录文件，显示为蓝色。

设备文件存放在/dev 目录下，使用以下命令查看设备文件，分别如图 1-54、图 1-55 所示。

```
#ls -l /dev/log /dev/tty0 /dev/sda
#ls -l /run/dmeventd-server
```

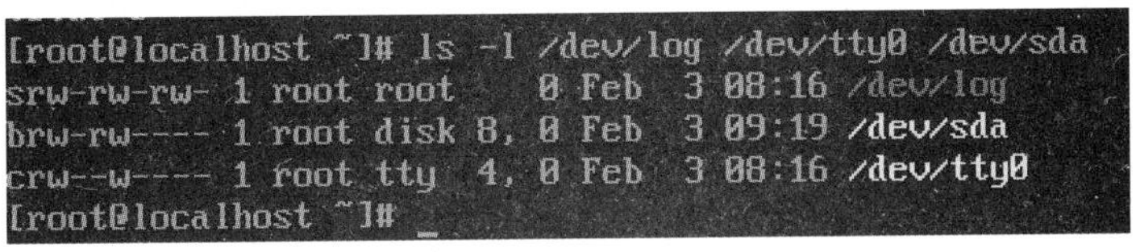

```
[root@localhost ~]# ls -l /dev/log /dev/tty0 /dev/sda
srw-rw-rw- 1 root root     0 Feb  3 08:16 /dev/log
brw-rw---- 1 root disk 8, 0 Feb  3 09:19 /dev/sda
crw--w---- 1 root tty  4, 0 Feb  3 08:16 /dev/tty0
[root@localhost ~]# _
```

图 1-54　文件类型与默认显示颜色(二)

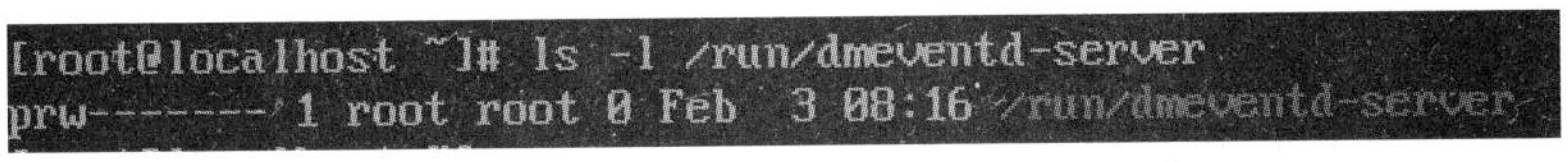

```
[root@localhost ~]# ls -l /run/dmeventd-server
prw------- 1 root root 0 Feb  3 08:16 /run/dmeventd-server
```

图 1-55　文件类型与默认显示颜色(三)

从图 1-54 中可以看出，/dev/log 文件属性位是“s”，表示套接字设备文件，显示为粉色。该设备用于网络通信。/dev/sda 文件属性位是“b”，表示块设备文件，显示为亮黄色。该设备读写时进行块传输，速度快。/dev/ttyo 文件属性位是“c”，表示字符设备文件，也显示为亮黄色。该设备读写时传输字符，如键盘，是低速设备。从图 1-55 中可以看出，属性位是“p”，表示管道设备文件，显示为暗黄色。该设备可把一个程序的输出传递给另一个程序作为输入。

Linux 操作系统下的文件类型识别并不依靠文件扩展名称来判别，通过“ls -l”可以得到文件的一些信息，要获取进一步的信息，可以执行“file 文件名”命令。

例如，使用“file”命令查看文件的类型信息，命令如下，结果如图 1-56 所示。

```
#file anaconda-ks. cfg
```

```
[root@localhost ~]# file anaconda-ks.cfg
anaconda-ks.cfg: ASCII text
```

图 1-56　使用“file”命令查看文件类型信息结果

图 1-56 表明，anaconda-ks. cfg 文件是由 ASCII 编码字符组成的普通文本文件。

要获取更进一步的文件信息，可执行“stat 文件名”命令。

例如，使用“stat”命令查看文件信息，命令如下，结果如图 1-57 所示。

```
#stat anaconda-ks. cfg
```

```
[root@localhost ~]# stat anaconda-ks.cfg
  File: 'anaconda-ks.cfg'
  Size: 1431            Blocks: 8          IO Block: 4096   regular file
Device: fd00h/64768d    Inode: 33574979    Links: 1
Access: (0600/-rw-------)  Uid: (    0/    root)   Gid: (    0/    root)
Access: 2017-01-26 08:54:06.541463941 +0800
Modify: 2016-12-28 19:58:11.176987817 +0800
Change: 2016-12-28 19:58:11.176987817 +0800
 Birth: -
```

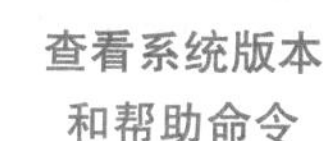
查看系统版本和帮助命令

图 1-57　使用“stat”命令查看文件信息结果

1. 10. 4　查看帮助和文件查找

Linux 操作系统提供了丰富的文档和命令，帮助用户学习和使用。可以使用“help 命令名”命令或者“命令名 --help”命令来获得功能和用法信息。如果想获取更详细的信息，可以使用“man 命令名”命令或者“info 命令名”命令。

使用“man”命令时，内容常常较多，需要使用翻页键进行翻页。b 键(back，向后)用于向前翻页，f 键(forward，向前)用于向后翻页，空格键也可以用于向后翻页，q 键(quit，退出)用于退出 man 软件。

例如，查看帮助的具体命令如下。

```
#help cd
#man ls
#info find
#ls --help
```

Linux 操作系统中存在海量的文件，这些文件按照功能存放在不同的目录下，寻找起来很不方便，下面介绍几个文件查找命令。

例如，使用“which”命令查找可执行文件。

```
#which ls
```

通过命令行环境变量 PATH 所设置的路径，可以到该路径所包含的目录下去查找可执行文件。

例如，使用“whereis”命令查找文件。

```
#whereis ls
```

该命令用于把包含相关字的文件和目录都列出来。Linux 操作系统会将文件都记录在一个文件数据库里，该命令是从数据库去查询，所以速度比较快。Linux 操作系统每天会更新该数据库。

查找文件更常用的是“find”命令，其功能更为强大。

“find”命令的使用语法如下。

```
#find [path] [参数] [keyword]
```

该命令用于在指定的路径下查找文件。因为不是通过数据库来查询，所以速度会比较慢。

例如，从“/”开始查找文件 file1，即搜索整个文件系统中的 file1 文件，具体命令如下。

```
#find / -name file1
```

例如，查找属于用户 user1 的文件和目录，具体命令如下。

```
#find / -user user1
```

例如，在目录/home/user1 中查找以“.bin”结尾的文件，其中的 * 表示任意长度的任意字符：

```
#find /home/user1 -name *.bin
```

1.11 文件目录管理和权限管理

1.11.1 常见目录功能介绍

系统安装完成后，各种类型的文件分别存放在对应的目录下。在不同的 Linux 发行版中，目录结构基本是一致或者类似的。了解各目录的基本功能，是了解和学习操作系统的开始。根目录(/)是整个文件系统的最上级节点，包含大量的子目录。Linux 目录和功能如表 1-10 所示类型的内容。

表 1-10　Linux 目录和功能

目录名	功能描述
/usr	包含所有的命令和程序库、文档和其他文件及当前 Linux 发行版的主要应用程序
/var	包含正在操作的文件，还有记录文件、加密文件、临时文件等

续表

目录名	功能描述
/home	主目录，包含除了 root 用户外的所有用户的配置文件、个性化文件
/proc	虚拟目录，该目录实际上指向内存而不是磁盘
/bin	存放系统执行文件(二进制文件)的目录，可以被普通用户使用
/sbin	存放系统执行文件(二进制文件)的目录，不能被普通用户使用，通常由 root 用户使用
/etc	存放操作系统配置文件的目录
/root	root 用户的主目录
/dev	存放系统设备文件的目录。Linux 操作系统的所有设备都以文件的形式被处理，该目录不包含驱动程序
/lib	库文件存放目录
/boot	存放系统引导、启动文件的目录，通常 grub(启动管理器)也在这里
/opt	可选应用程序目录
/tmp	临时文件专门存放目录，系统会自动清理
/lost+found	存放恢复文件的目录(类似回收站)
/media	Linux 系统会自动识别一些设备，如 U 盘、光驱等。识别后，Linux 会把识别的设备挂载到这个目录下
/cd-rom	挂载光盘的目录

/proc 目录并不存放在磁盘上，而是保留在内存中。系统的基本运行信息存放在这里，用户和程序可以通过该目录获得运行所需的必要信息。它是操作系统运行时对用户和程序的接口。使用“cat file”等命令可以查看该目录下文件内容命令如下。/proc 目录下的文件如表 1-11 所示。

```
#cat /proc/cpuinfo
#cat /proc/devices
#cat /proc/dma
#cat /proc/filesystem
#cat /proc/interrupts
#cat /proc/ioports
```

表 1-11　/proc 目录下的文件

文件名	文件功能定义
/proc/cpuinfo	处理器的信息
/proc/devices	当前运行内核的所有设备清单
/proc/dma	当前正在使用中的直接存储器访问(Direct Memory Access，DMA)通道
/proc/filesystem	当前运行内核所配置的文件系统

续表

文件名	文件功能定义
/proc/interrupts	当前使用的中断和曾经有多少个中断
/proc/ioports	正在使用的输入/输出(I/O)端口

查看文件的命令很多，且各具功能特色，如下所示。

```
#cat /proc/cpuinfo
#tac /proc/cpuinfo
#more /etc/passwd
#less /etc/passwd
#head -1 /etc/passwd
#tail -2 /etc/passwd
#wc -l /etc/passwd
```

“cat file”命令可以查看文件的内容，将文件内容从第一行到最后一行连续输出到屏幕上。“tac file”命令的功能和“cat file”命令相反，以从最后一行到第一行的方式查看。

当文件比较大，系统自动翻屏显示，这样文件前面的内容就没办法看清楚，这时可以用“more”命令或者“less”命令。“more file”命令可以在显示满一页后自动停止，按任意键继续显示下一屏，直到显示完成；如果看到一半想退出，则输入“q”即可。“more file”命令只能向后翻页显示，“less file”命令则向前、向后都可以翻页。

如果只想读取文件的头几行或者文件的末尾几行，可以用“head -n file”命令(读取文件前n行)或“#tail -n file”命令(读取文件末尾n行)。

“wc”命令可以统计指定文件的行数、单词数和字符数。

1.11.2 目录和文件操作

文件系统是树形结构，最上层是根目录“/”，下方是各个子目录和文件，每个子目录下方又包含着子目录和文件，形成树形层次型的存储结构。对目录和文件的操作是必备的基础能力，基本操作命令如表1-12所示。

表1-12 目录和文件基本操作命令

命令	功能描述
cd	改变工作目录。参数~表示当前用户主目录；-表示上一次的目录
pwd	显示当前工作目录
mkdir	建立新目录
rmdir	删除空目录
rm	删除文件或者目录。参数-r表示删除目录

续表

命令	功能描述
ls	显示指定目录下的文件和子目录。参数-l 表示显示长列表，-a 表示显示所有文件
cp	复制指定源文件或者目录到指定位置。参数-r 表示复制目录
mv	移动文件或者目录

“cd”(change directory，改变目录)命令用来切换到指定工作目录；“pwd”(print working directory,显示工作目录)命令用来显示当前所在位置，即工作目录；“ls”(list，列表)命令用来显示指定目录下的文件和子目录列表。

例如，执行下列命令，查看命令效果。

```
#cd /
#pwd
#ls
#cd /root
#pwd
#ls
```

每个用户都有自己的主目录，也叫“家”目录。root 用户的主目录是“/root”，普通用户的主目录是“/home/用户名”。无论在文件系统的哪个位置，都可以通过“cd”命令或者“cd ~”命令回到主目录。在两个目录间快速切换可以使用“cd -”命令。另外，还有两个具有特殊含义的目录：“.”表示当前所在的目录，“..”表示当前目录的上一级目录。

例如，学习“cd”命令的多种用法，命令如下。

```
#cd
#pwd
#cd /
#pwd
#cd -
#pwd
#cd..
#pwd
```

“mkdir 目录名”(make directory，创建目录)命令用来创建新目录，“rmdir 目录名”(remove directory，删除目录)命令用来删除空目录。如果待删除目录下有文件或者子目录，可先删空再使用“rmdir”命令，或者直接使用“rm -r 目录名”命令直接进行删除。

例如，进行以下目录操作。

```
#cd /root
#mkdir test1
#mkdir test2 test3
#ls
#rmdir test2
#ls
```

“rm 文件名”命令用来删除指定文件，“rm -r 目录名”命令用来删除指定目录。

“cp 源文件 目标”(copy，复制)命令用来把源文件的副本复制到目标位置，如果目标是目录，就存放在目录下，文件名不变；如果目标路径包含文件名，则还会把文件名修改为指定的文件名。“-r”参数可以对目录进行复制。

“mv 源文件 目标”(move，移动)命令用来把源文件移动到目标位置，如果目标路径包含文件名，则会把文件名修改为指定文件名。“-r”参数可以对目录进行移动。文件移走后，源文件就不存在了。

当文件复制时，或者文件移动时，目标位置如果有同名文件，则会被覆盖。

所以，当执行这 3 个命令时，可以增加“-i”参数。这样，在发生覆盖或者删除时，会提示用户确认，保证文件安全。

例如，进行以下文件操作。

```
#cd /root
#mkdir test1
#cd /root/test1
#touch testfile1 testfile2
#ls
#cp testfile1 /root
#ls /root
#mv testfile2 /root/tfile2
#ls /root
#ls /root/test1
```

1.11.3　文件目录与权限

Linux 操作系统是多用户操作系统，每个用户都有自己的主目录。root 用户的主目录在“/root”,而其他用户的主目录在“/home/用户名”。用户在各自的主目录中具备完全权限，其他用户默认不能访问该用户的文件。如果用户需要让其他用户访问自己的文件，需要对文件目录进行合理的授权。如果授权不当，可能会导致安全问题。文件权限设置的相关命令如表 1-13 所示。

表 1-13　文件权限设置的相关命令

命令	功能描述
ls -l	使用长列表方式显示目录下的文件和子目录
touch	创建新文件，更新文件状态属性
chmod	改变文件或目录权限属性
chown	改变文件或目录属主(所属用户)
chgrp	改变文件或目录所属用户组
umask	设置文件掩码，影响创建的新文件权限属性

1. 查看文件权限

在 Linux 操作系统下，查看文件目录的权限可以使用“ls -l”命令，其中，“-l”表示使用长列表方式显示内容。此时，文件信息的第一列就是权限属性。“touch 文件名”命令表示当文件不存在时创建新文件，文件已存在时更新文件状态。命令如下，结果如图 1-58 所示。

```
#touch file1
#ls -l file1
```

```
[root@localhost ~]# touch file1
[root@localhost ~]# ls -l file1
-rw-r--r-- 1 root root 0 Feb  3 10:42 file1
```

图 1-58　新建文件或者更新文件状态后查看文件权限

从图 1-58 中可以看出，文件目录的权限属性可以通过 3 种角色分类设定来实现。

- 对文件目录属主自己(user)的访问控制。
- 对属主同组用户(group)的访问控制。
- 对其他用户(others)的访问控制。

具体的权限设定包括 r(read，读)、w(write，写)、x(execute，执行)三种。

Linux 操作系统中的每个文件和目录都有属主和对应的访问权限设置，用它来确定谁可以通过何种方式对文件和目录进行访问和操作。

以文件为例，读权限表示允许读其内容；写权限表示允许对其做更改操作；执行权限表示允许将该文件作为一个程序执行。文件被创建时，文件所有者自动拥有对该文件的读、写和执行权限，用户也可根据需要把访问权限设置为需要的任何组合。

有 3 种不同类型的用户对文件或目录进行访问：文件所有者、同组用户、其他用户。相应地，每一文件或目录的访问权限都有 3 组，每组用 3 位表示，分别为：

- 文件属主的读、写和执行权限。
- 与属主同组用户的读、写和执行权限。
- 系统中其他用户的读、写和执行权限。

当用“ls -l”命令显示文件或目录的详细信息时，最左边的一列为文件的访问权限。

图 1-58 中“-rw-r--r--”权限说明如下。

第一位是文件的类别属性，“-”表示是一个普通文件，如果是“r”，表示是目录。

接下来 9 位分 3 组表示访问权限，横线表示不具备相应权限，r 表示读权限，w 表示写权限，x 表示执行权限。

- 第一组 3 位是属主权限，“rw-”表示属主有读、写权限，无执行权限。
- 第二组 3 位是同组用户的权限，“r--”表示同组用户只有读权限。
- 第三组 3 位是其他用户的权限，“r--”表示其他用户也只有读权限。

2. 修改文件权限

“chmod”命令用于改变文件或目录的权限属性。当需要更改访问权限时，用户可以利用“chmod”命令来重新设置；也可以利用“chown”命令来更改某个文件或目录的属主，之后属主可以自行设置权限；还可以利用“chgrp”命令更改某个文件或目录所属用户组来获得组的授权。

“chmod”命令有两种用法：一是包含字母和操作符表达式的文字设定法，二是包含数字的数字设定法。

(1) 文字设定法。

命令语法如下。

```
#chmod[用户类别][权限操作符][权限] 文件名
```

用户类别可以是表 1-14 中字母的任意一个或者它们的组合。

表 1-14　用户类别

类别	功能描述
u	表示“用户(user)”，即文件或目录的所有者
g	表示“同组(group)用户”，即与文件属主同组的所有用户
o	表示“其他(others)用户”
a	表示“所有(all)用户”，是系统默认值

权限操作符表示对权限进行的操作，具体说明如表 1-15 所示。

表 1-15　权限操作符

符号	功能描述
+	添加某个权限
-	取消某个权限
=	赋予给定权限并取消其他所有权限(如果有)

权限可以是表示权限的字母的任意组合，最常用的权限是“rwx”。在一个命令行中可给出多个修改权限的方式，其间用逗号隔开，例如，“chmod g+r，o+r example”可以给同组和其他用户添加对文件 example 的读权限。

(2) 数字设定法。

使用文字设定法，含义清晰直观，但书写稍复杂。“chmod”命令还支持另一种数字设定法。在每 3 位一组的权限设定中：没有权限“-”用 0 表示，读权限“r”用 4 表示，写权限“w”用 2 表示，执行权限“x”用 1 表示，然后将其相加。例如，“rw-r--r--”对应的等价数字权限就是“644”。使用“chmod［数字权限］文件名”命令也可以进行权限设定。

下面举例说明两种方法的应用。

例如，用文字设定法进行以下文件权限操作。

```
$ chmod a+x sort
```

此操作对文件 sort 的权限属性进行以下修改。

- 文件属主(u)：增加执行权限。
- 与文件属主同组用户(g)：增加执行权限。
- 其他用户(o)：增加执行权限。

例如，用文字设定法进行多权限修改操作。

```
$ chmod ug+w,o-x text
```

此操作对文件 text 的权限属性进行以下修改。

- 文件属主(u)：增加写权限。
- 与文件属主同组用户(g)：增加写权限。
- 其他用户(o)：删除执行权限。

例如，用户类别有多种表示方法，命令如下。

```
$ chmod a-x mm.txt
$ chmod -x mm.txt
$ chmod ugo-x mm.txt
```

以上这 3 个命令都是将所有用户对文件 mm. txt 的执行权限删除。

例如，用数字设定法进行以下权限操作。

```
$ chmod 644 mm.txt
$ ls - l
```

此操作设定文件 mm. txt 的权限属性为“-rw-r--r--”。

- 文件属主(u)：拥有读、写权限(rw-：4+2+0=6)。
- 与文件属主同组人用户(g)：拥有读权限(r--：4+0+0=4)。
- 其他人(o)：拥有读权限(r--：4+0+0=4)。

3. 改变所属组

“chgrp”命令用于改变文件或目录所属的用户组。

语法如下。

```
chgrp[选项] group filename
```

其中，“group”可以是用户组标识、用户组的组名，“filename”是以空格分开的要改变属组的文件列表，支持通配符。

如果用户不是该文件的属主或 root 用户，则不能改变该文件的组。

常用选项“-R”表示递归式地改变指定目录及其下的所有子目录和文件所属组。

例如，改变“/opt/local/book/”及其子目录下的所有文件所属组为 book，命令如下。

```
$ chgrp -R book /opt/local/book
```

4. 改变文件属主和属组

“chown”命令用于更改某个文件或目录的属主和所属组。例如，root 用户把自己的一个文件复制给其他用户，为了让用户能够存取这个文件，root 用户应该把这个文件的属主设为该用户，否则该用户将没有权限对文件实施各种操作。

“chown”命令语法如下。

```
chown [选项] 用户或组 文件
```

常用选项“-R”表示递归式地改变指定目录及其下面的所有子目录，以及文件的属主和所属组。

例如，把文件 shiyan. c 的属主改为 wang，命令如下。

```
$ chown wang shiyan.c
```

例如，把目录“/his”及其下的所有文件和子目录的属主改成 wang，所属组改成 users，命令如下。

```
$ chown -R wang.users /his
```

5. 设置文件掩码

“umask”命令用于设置文件掩码。

在 Linux 操作系统下，创建文件的默认权限是“666”，创建目录的权限是“777”，如果使用“umask 022”设置文件权限掩码，则当创建新文件时，初始权限将是“644”(6-0，6-2，6-2)，即属主具有读、写权限(rw-)，同组用户和其他用户只具有读权限(r--)；当创建目录时，目录初始权限将是“755”(7-0，7-2，7-2)，即属主具有读、写、执行权限(rwx)，同组用户和其他用户具有读、执行权限(r-x)。

可以看出，“umask”命令的功能就是当新建文件时，取消文件的指定权限。上面的例子中，新建用户的同组用户和其他用户的写权限(w=2)就被默认取消了。

该命令用来设置限制新文件权限的掩码。当新文件被创建时，其最初的权限由文件创建掩码决定。用户每次注册进入系统时，“umask”命令都被执行，并自动设置掩码改变默认值，新的权限将会把旧的覆盖。

例如：

```
#umask 022
#touch file1
#umask 222
#touch file2
#ls -l file*
```

例如，对于 umask 值 0 0 2，相应的文件和目录缺省创建权限是什么呢?

第一步，写下具有全部权限的模式，即 777(所有用户都具有读、写和执行权限)。

第二步，在下面一行按照 umask 值写下相应的位，在本例中是 0 0 2。

第三步，在接下来的一行中记下上面两行中没有匹配的位。这就是目录的缺省创建权限。稍加练习就能够记住这种方法。

第四步，对于文件来说，在创建时不能具有执行权限，只要拿掉相应的执行权限比特即可。

关于文件和目录权限，有以下几点注意事项。

(1)对于文件和目录来说，权限的具体含义不同。例如读权限 r：对于文件，是读取文件内容；对于目录，是查看目录下的文件等。

(2)并不是赋予文件执行权限文件就能够执行了，正确的理解是，即使文件本身就是可执行的文件，没有执行权限也不能执行，赋予执行权限后，文件才能执行。

(3)除了 rwx 权限外，还有一个特殊的权限 s，可以让某些命令在执行时临时获取更高的权限来完成功能。当用户使用“ls -l”命令查看某些文件(如“passwd”命令文件)时，如果看到 rws 这样的权限，就不会奇怪了。

1.11.4　使用软连接和硬连接

硬连接是给文件创建一个副本，同时建立两者之间的连接关系。修改其中一个，与其连接的文件同时被修改。文件每增加一个硬连接，使用“ls -l 文件名”查看文件时，可以发现文件连接数会加 1。当删除硬连接文件时，文件连接数减 1，当文件连接数减为 0 时，文件从磁盘上被删除。

软连接也叫符号连接，是对源文件在新的位置建立一个“快捷方式”。删除软连接，不会影响到源文件；而当删除源文件时，软连接因为指向的文件已不存在，会失去效果。对连接文件的使用、引用都会直接调用源文件。

创建连接使用“ln”命令，常用参数如表 1-16 所示。

表 1-16　“ln”命令的常用参数

参数	功能描述
-b	删除，覆盖以前建立的连接
-d	允许 root 用户制作目录的硬连接
-f	强制执行
-i	交互模式，连接文件存在，则提示用户是否覆盖
-n	把符号连接视为一般目录
-s	软连接(符号连接)
-v	显示详细的处理过程

例如，为“/root”目录下的文件 anaconda-ks. cfg 创建软连接 aks. cfg，命令如下，结果如图 1-59 所示。

```
#ls -l
#ln -s anaconda-ks. cfg aks. cfg
#ls -l
```

```
[root@localhost ~]# ls -l
total 4
-rw-------. 1 root root 1431 Dec 28 19:58 anaconda-ks.cfg
[root@localhost ~]# ln -s anaconda-ks.cfg aks.cfg
[root@localhost ~]# ls -l
total 4
lrwxrwxrwx  1 root root   15 Jan 26 11:49 aks.cfg -> anaconda-ks.cfg
-rw-------. 1 root root 1431 Dec 28 19:58 anaconda-ks.cfg
[root@localhost ~]#
```

图 1-59　创建软连接结果

从图 1-59 中可以看到，软连接 aks. cfg 创建成功，连接文件类型为“l”，颜色显示为亮蓝色，连接指向文件 anaconda-ks. cfg。

例如，为“/root”目录下的文件 anaconda-ks. cfg 创建硬连接 aks2. cfg，命令如下，结果如图 1-60 所示。

```
#ls -l
#ln anaconda-ks. cfg aks2. cfg
#ls -l
```

```
[root@localhost ~]# ls -l
total 4
lrwxrwxrwx  1 root root   15 Jan 26 11:49 aks.cfg -> anaconda-ks.cfg
-rw-------. 1 root root 1431 Dec 28 19:58 anaconda-ks.cfg
[root@localhost ~]# ln anaconda-ks.cfg aks2.cfg
[root@localhost ~]# ls -l
total 8
-rw-------. 2 root root 1431 Dec 28 19:58 aks2.cfg
lrwxrwxrwx  1 root root   15 Jan 26 11:49 aks.cfg -> anaconda-ks.cfg
-rw-------. 2 root root 1431 Dec 28 19:58 anaconda-ks.cfg
[root@localhost ~]# _
```

图 1-60　创建硬连接结果

从图 1-60 中可以看出，文件 anaconda-ks. cfg 初始连接数为 1，使用“ln”命令建立硬连接后，原文件和硬连接文件 aks2. cfg 的连接数都变为 2，而软连接文件 aks. cfg 的连接数并不改变。2 是文件的节点数，当删除文件时，每删除一个连接，节点数减 1；当节点数减到 0 时，文件才真正从磁盘上删除。

另外，硬连接无论文件内容还是权限属性都是一体，软连接的权限默认都是“777”，即完全权限。当操作文件时，起作用的还是真实文件的权限。

任务 4 操作系统基本配置管理

在本任务中，我们要关注两个问题：CentOS Linux 7 的用户管理和 CentOS Linux 7 的网络管理。具体要求了解用户管理的机制和常用管理命令，了解网络管理的基础知识并掌握网络管理命令。

【知识储备】

1.12 用户账号管理

1.12.1 了解用户管理

Linux 操作系统是多用户操作系统。为每个用户创建自己的账号，是用户使用系统的前提，也是系统对用户进行管理的必要条件。对用户进行管理是操作系统的基础功能。

添加新用户时，实际上是修改了账号信息配置文件/etc/passwd、账号密码信息文件/etc/shadow，在/home 下为用户创建主目录，并将通用用户模板/etc/skel 目录内容复制过来。

```
#ls -l /etc/passwd /etc/shadow
#cat /etc/passwd
#cat /etc/shadow
```

以上命令用于显示用户信息，根据/etc/passwd 文件生成/etc/shadow。它把复制新用户所有口令从/etc/passwd 移到/etc/shadow 中。

1. 账号信息配置文件：/etc/passwd

Linux 操作系统使用/etc/passwd 文件记录用户账号信息，每个用户记录一行，每行由 7 个字段组成，之间用冒号分隔。/etc/passwd 文件的属主是 root 用户，默认权限设定是“644”，即 root 用户有读写权限，其他用户只有读权限。因为普通用户可以读此文件，为了防止用户账号的密码被强制破解，所以密码字段的内容统一设置为“x”，真实密码信息都加密后保存在另一个账号密码信息文件/etc/shadow 中，并严格控制用户访问。

例如，查看/etc/passwd 文件第一行的内容，命令如下，结果如图 1-61 所示。

```
#head -1 /etc/passwd
#ls -l /etc/passwd
```

```
[root@liuxuegong ~]# head -1 /etc/passwd
root:x:0:0:root:/root:/bin/bash
[root@liuxuegong ~]# ls -l /etc/passwd
-rw-r--r-- 1 root root 1348 Feb 13 11:22 /etc/passwd
```

图 1-61　查看/etc/passwd 文件结果

/etc/passwd 文件用户账号信息字段如表 1-17 所示。

表 1-17　/etc/passwd 文件用户账号信息字段

字段内容	说明	字段内容	说明
root	用户名	x	密码
0	UID	0	GID
root	用户注释	/root	用户主目录
/bin/bash	登录 Shell		

UID(User Identification)是用户标识，从 0 开始编号，root 用户账号的 UID 是 0。在 CentOS Linux 7 系统下，创建普通用户账号时，UID 一般从编号 1000 开始，即创建的第一个普通用户账号的 UID 是 1000，第二个普通用户账号的 UID 是 1001，以此类推。

GID(Group Identification)是用户所属组标识，通常创建账号时默认会创建与 UID 相同编号的组。

用户名应该唯一，如不唯一，则系统只认前面的一个；UID 则不必唯一。相同 UID 的用户具有完全相同的权限。创建用户时，UID 编号为 0 即拥有 root 权限。

使用“ls -l”命令来查看/etc/passwd 文件的属性信息，可以看到，除了属主 root 用户拥有读写权限，其他用户都只拥有读权限。

2. 账号密码信息文件：/etc/shadow

/etc/shadow 文件主要用于记录加密后的密码，并包含密码相关的安全策略设置。文件属主是 root 用户，默认访问权限是 400，即 root 用户具有读权限，其他用户无权限。

例如，使用“head -1 /etc/shadow”命令查看/etc/shadow 文件的第一行内容，命令如下，结果如图 1-62 所示。

```
#head -1 /etc/shadow
#ls -l /etc/shadow
```

```
[root@liuxuegong ~]# head -1 /etc/shadow
root:$6$Ke92AODd9PCIZ3.v$jYYmYyl0r.SeN8WjeUtt6z5pBJZ
p5MboeRqJD.::0:99999:7:::
[root@liuxuegong ~]# ls -l /etc/shadow
---------- 1 root root 911 Feb 13 11:22 /etc/shadow
```

图 1-62　查看/etc/shadow 文件结果

可以看到，第一行格式是用"："分隔开的 9 个字段，依序是"username：password：last date：may date：must date：warn date：expire date：disable：reserved"。/etc/shadow 文件用户账号信息字段及相应功能描述如表 1-18 所示。

表 1-18　/etc/shadow 文件用户账号信息字段及相应功能描述

序号	字段定义	功能描述
1	username	用户名
2	password	加密后的密码
3	lastdate	上次更改密码的日期，从 1970-1-1 起计算的天数
4	maydate	从 maydate 开始，用户才可以更改密码
5	mustdate	到 mustdate 如果还没有修改密码，就强制要求修改
6	warndate	在 mustdate 前多少天提示用户更改密码
7	expiredate	在 mustdate 后多少天使用户账号失效
8	disable	用来记录账号失效的天数
9	reserved	保留未使用

/etc/shadow 文件和/etc/passwd 文件一样，每个用户账号信息占据一行。

在 shadow 文件中，最重要的就是密码信息。从图 1-62 中可以看到，存储的是加密后的密码，即使被意外看到，也猜不出原始密码信息。为了防止密码被穷举破解，shadow 文件的权限设置很严格。从图 1-62 后两行中可以看到，任何人都没有读写权限。这样，除了 root 用户，任何用户都无法查看和更改文件信息。

3. 组账号配置文件：/etc/group 和/etc/gshadow

在创建用户的同时，也创建了一个同名组，新用户默认属于自己的组，这个组称为用户私有组，用户可以把其他用户加入这个私有组并获该组成员的权限。/etc/passwd 文件中的 GID 表示的就是用户的默认组。

关于组的操作，实际上是在修改/etc/group 文件。/etc/group 文件记录组信息，每行记录一个组的信息，格式是"组名：密码：GID：成员列表(成员之间用逗号隔开)"。若需组密码，可执行"gpasswd"命令，组密码存于/etc/gshadow 文件中。

```
#cat /etc/group
#cat /etc/gshadow
```

第一个命令用于查看选定组信息，第二个命令用于显示选定组密码信息。

1.12.2　用户账号的基本操作

在 Linux 操作系统中，root 账号是唯一的超级账号，具备系统最高权限，通常在 root 账号下完成服务器管理。为了防止在使用 root 账号时不小心破坏系统，通常建议在管理员不进行管理操作时，使用普通用户账号来进行操作。也就是说，对于管理员来说，大多数时间也是在使用普通用户账号的。

1. 使用“useradd”命令或“passwd”命令创建用户账号并设置密码

创建新用户账号使用“useradd 用户名”命令，为用户设置登录密码或者修改登录密码使用“passwd 用户名”命令，新用户账号只有被赋予密码后才能使用。

例如，创建新用户账号 newuser1，命令如下，结果如图 1-63 所示。

```
#useradd newuser1
#passwd newuser1
#tail -1 /etc/passwd
#tail -1 /etc/shadow
```

```
[root@liuxuegong ~]# useradd newuser1
[root@liuxuegong ~]# passwd newuser1
Changing password for user newuser1.
New password:
BAD PASSWORD: The password is shorter than 7 characters
Retype new password:
passwd: all authentication tokens updated successfully.
[root@liuxuegong ~]# tail -1 /etc/passwd
newuser1:x:1003:1003::/home/newuser1:/bin/bash
[root@liuxuegong ~]# tail -1 /etc/shadow
newuser1:$6$IHWrMgbf$mV7A4C./pEpanJt6n/vdERdoTYbLKfA4rHz
fhsupw0:17251:0:99999:7:::
```

图 1-63　创建新用户账号结果

创建完成新用户账号后，可以查看/etc/passwd 和/etc/shadow 文件了解账号的信息。命令“tail -1”的作用是查看文件的最后一行内容。用户账号创建后，必须使用“passwd”命令设置密码才可以正常登录使用。如果密码设置得过于简单，系统会提示信息，但仍然可以设置使用简单密码，再次输入确认即可。普通用户的主目录默认为“/home/用户名”，这也是普通用户和 root 超级用户间的又一点不同，root 用户的主目录是“/root”。

设置好密码后，执行“exit”命令退出当前用户登录，命令如下。然后就可以使用新注册用户账号来验证登录了，如图 1-64 所示。

```
#exit
```

```
CentOS Linux 7 (Core)
Kernel 3.10.0-514.el7.x86_64 on an x86_64

liuxuegong login: newuser1
Password:
[newuser1@liuxuegong ~]$
```

图 1-64　使用新注册用户账号验证登录

Linux 系统中用户账户管理操作演示

> **注意：**
>
> 普通用户账号登录后，提示符是“ $ ”；如果是 root 账号登录，提示符是“#”。日常操作通常在普通用户模式下完成；进行管理操作时，通常需要在 root 模式下完成。

“useradd”命令在创建用户账号时，可使用表 1-19 中所示的参数对用户账号属性进行精确设置，对于没有设置的内容，系统会使用通用设置。

表 1-19 “useradd 命令”参数

参数	功能描述
-u	设置用户的 UID
-g	设置用户的 GID
-d	设置用户的主目录
-G	使该用户成为其他组的成员
-s	用户的登录 Shell，默认为/bin/bash
-c	comment，用户注释
-p	同时设置密码(注意：无空格)

例如，使用参数来设置用户账号属性，命令如下，结果如图 1-65 所示。

```
#useradd -u 1005 newuser2
#tail -2 /etc/passwd
#tail -2 /etc/shadow
#passwd newuser2
```

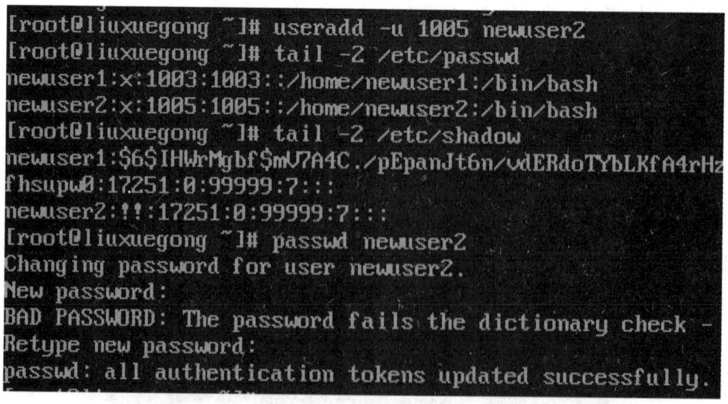

```
[root@liuxuegong ~]# useradd -u 1005 newuser2
[root@liuxuegong ~]# tail -2 /etc/passwd
newuser1:x:1003:1003::/home/newuser1:/bin/bash
newuser2:x:1005:1005::/home/newuser2:/bin/bash
[root@liuxuegong ~]# tail -2 /etc/shadow
newuser1:$6$IHWrMgbf$mU7A4C./pEpanJt6n/wdERdoTYbLKfA4rHz
fhsupw0:17251:0:99999:7:::
newuser2:!!:17251:0:99999:7:::
[root@liuxuegong ~]# passwd newuser2
Changing password for user newuser2.
New password:
BAD PASSWORD: The password fails the dictionary check -
Retype new password:
passwd: all authentication tokens updated successfully.
```

图 1-65 使用参数设置用户账号属性结果

从图 1-65 中可以看到，创建 newuser2 账号时，使用“-u 1005”设置了新用户的 UID。创建完成后，查看用户账号/etc/passwd 文件，可以看到刚才创建的 newuser1 的 UID 是 1003，那么接下来创建的用户 UID 默认应该是 1004，而显示的是我们设置的 1005，说明设置成功。

查看/etc/shadow 文件时比较 newuser1 和 newuser2 的账号信息，可以看到，newuser1 账号的密码字段是加密后的密码，而 newuser2 账号的秘码字段是两个感叹号“!!”。这是因为还没有使用“passwd”命令为它设置密码，这样的账号是不能用来登录的。接下来别忘了使用“passwd”命令为 newuser2 账号设置密码。

2. 使用“usermod”命令修改用户账号属性

“usermod”命令用于改变用户的账号属性，如 UID、GID、注释、主目录、Shell，对应的参数分别是“-u”“-g”“-c”“-d”“-s”等，其功能类似于“useradd”命令的参数。

例如，把用户 newuser1 的 UID 改成 1030，命令如下，结果如图 1-66 所示。

```
#usermod -u 1030 newuser1
#tail -2 /etc/passwd
```

```
[root@liuxuegong ~]# usermod -u 1030 newuser1
[root@liuxuegong ~]# tail -2 /etc/passwd
newuser1:x:1030:1003::/home/newuser1:/bin/bash
newuser2:x:1005:1005::/home/newuser2:/bin/bash
```

图 1-66　改变用户的 UID 结果

如图 1-66 所示，通过“tail”命令查看/etc passwd 文件信息，可以发现，newuser1 的用户 UID 被改成了 1030，但是 GID 没有变化，还是初始状态 1003。

有时需要暂停用户账号的使用，比如员工出差。此时，通过修改用户的登录 Shell 为 nologin 或 false，即可阻止使用此用户账号登录操作系统。

例如，停用 newuser1 账号，命令如下，结果如图 1-67 所示。

```
#usermod -s /sbin/nologin newuser1
#tail -2 /etc/passwd
```

```
[root@liuxuegong ~]# usermod -s /sbin/nologin newuser1
[root@liuxuegong ~]# tail -2 /etc/passwd
newuser1:x:1030:1003::/home/newuser1:/sbin/nologin
newuser2:x:1005:1005::/home/newuser2:/bin/bash
```

图 1-67　停用用户账号结果

从图 1-67 可以看到，使用参数“-s”把用户 newuser1 的登录 Shell 改成/sbin/nologin，即可使账号无法登录操作系统。查看/etc/passwd 文件可以看到，最后一个字段设置的登录 Shell 成功变成了/sbin/nologin。用户出差结束后，可以重新解锁用户账号，执行以下命令

```
#usermod -s /bin/bash newuser1
```

3. 使用“userdel”命令删除用户账号

当需要删除用户账号时，使用“userdel -r 用户名”命令，参数“-r”表示删除用户账号的同时删除其主目录。

例如，删除 newuser1 账号并同时删除其主目录，命令如下，结果如图 1-68 所示。

```
#userdel -r newuser1
#tail -2 /etc/passwd
#ls /home
```

```
[root@liuxuegong ~]# userdel -r newuser1
[root@liuxuegong ~]# tail -2 /etc/passwd
dhcpd:x:177:177:DHCP server:/:/sbin/nologin
newuser2:x:1005:1005::/home/newuser2:/bin/bash
[root@liuxuegong ~]# ls /home
liuxuegong  newuser2
[root@liuxuegong ~]#
```

图 1-68　删除用户账号结果

从图 1-68 可以看到，执行命令后，在/etc/passwd 文件中，newuser1 账号已经不存在；查看“/home”文件夹，newuser1 的主目录也已经被删除。如果不加“-r”参数，主目录是不会被删除的。

4. 组管理

创建新的组使用“groupadd 组名称”命令，“usermod -G 组名称 用户名”命令则可以将一个已经存在的用户加入指定组。“gpasswd”命令也可以进行组管理。

例如，组的操作，新建用户账号 newuser2，并将其加入新建的 newgroup1 组，修改用户所属的 newgroup 组，如果用户原来有所属组，那么原来的附加组会被覆盖，变成加入的 newgroup1 组，命令如下。

```
#useradd newuser2
#passwd newuser2
#groupadd newgroup1
#usermod -G newgroup1 newuser2
```

5. 使用“su”命令切换用户账号和环境

使用“exit”命令退出后再使用其他用户账号登录是在多个用户账号间切换的常见方法，除此之外，还可以使用 Ctrl+Alt+F1～F7 组合键在多个虚拟终端切换后登录，或者直接使用“su”命令进行切换。

使用“su”命令可改变用户身份，不仅省却了退出和重新登录的过程，而且进行服务器远程管理时，为了安全考虑，通常会禁止 root 账号远程登录系统，此时需使用普通用户账号远程登录，然后使用“su root”命令切换到 root 账号。

普通用户账号切换到 root 账号需要输入 root 密码，root 账号切换到普通用户账号不需要输入密码。切换到 root 账号后，可执行“exit”命令退出 root 账号，此时将返回原用户账号。

例如，创建新用户 newuser3，命令如下。

```
#useradd newuser3
#passwd newuser3
#exit
```

例如，使用 newuser3 登录系统，执行以下命令，切换 root 用户账号和环境，结果如图 1-69所示。

```
$set |grep PATH
$su root
#set |grep PATH
#exit
$su - root
#set |grep PATH
```

```
[newuser3@liuxuegong ~]$ set |grep PATH
PATH=/usr/local/bin:/bin:/usr/bin:/usr/local/sbin
/bin
[newuser3@liuxuegong ~]$ su root
Password:
[root@liuxuegong newuser3]# set |grep PATH
PATH=/usr/local/bin:/bin:/usr/bin:/usr/local/sbin
/bin
[root@liuxuegong newuser3]# exit
exit
[newuser3@liuxuegong ~]$ su - root
Password:
Last login: Mon Mar 27 02:04:03 CST 2017 on tty1
[root@liuxuegong ~]# set |grep PATH
PATH=/usr/local/sbin:/usr/local/bin:/sbin:/bin:/u
_=PATH
```

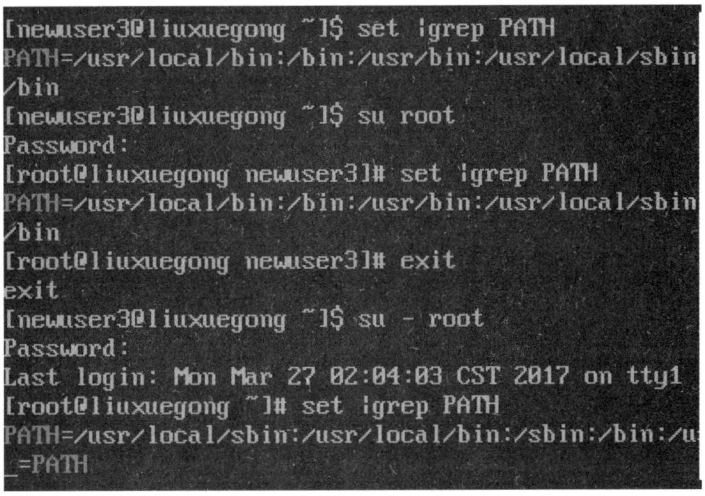

图 1-69　切换 root 用户账号和环境结果

如图 1-69 所示，使用 newuser3 登录系统后，查看系统环境变量中的路径，设置 PATH；接下来执行“su root”命令切换到 root 账号，此时提示信息变成“#”，说明已经处于超级用户 root 账号下；再次查看环境变量中的 PATH 设置，发现和 newuser3 的环境设置完全相同，这说明虽然账号权限都改变了，但是用户环境还没有改变。

执行“exit”命令退出 root 账号，回归到 newuser3 账号后，再执行“su - root”命令。注意：该命令比“su root”命令中间多了一个“-”。此时再次处于 root 账号下，查看环境变量中的 PATH 设置，发现已经与 newuser3 的环境设置内容不同了，说明已经切换到了 root 账号自己的环境设置。

如果没有切换用户环境，那么需要 root 权限执行的管理工具需要添加完整路径才可以正常运行，这是因为普通用户的命令查找路径设置和 root 用户的设置不同，不包括其专用的管理命令所在目录，这样执行时就找不到对应管理命令了。

> 注意：
>
> 从 root 账号切换到普通用户账号直接切换，而从普通用户账号切换到其他用户账号需要输入目标账号的密码，认证身份才可以正常切换过来。

1.13 CentOS Linux 7 的网络接口

服务器要向互联网用户提供服务，它的 IP 地址通常是固定的。服务器具体的配置信息要根据实际情况设定，这里假设要设置为表 1-20 所示的信息。

表 1-20 假定设置的服务器配置信息

项目	设置值
IP 地址	192.168.125.200
子网掩码	255.255.255.0
默认网关	192.168.125.2
DNS 服务器 1	114.114.114.114
DNS 服务器 2	8.8.8.8

注意：

192.168.125.200 是 C 类保留网络地址，用于组建企业内部网，并不能在公网使用。此处只作为练习示例使用。具体环境的网络配置信息需向网络管理人员或者教师获取。

计算机联网需要专门的联网设备，称为网卡。网卡的全称是网络接口卡（Network Interface Card，NIC），通过网卡，用户就可以使用介质(双绞线、光纤等)把计算机与网络连接起来。

在网络设备生产商生产网卡时，会给每块网卡设置一个唯一的标识号码，这个号码是 48 位二进制数，由“厂商标识+产品序号”组成。这个号码称为物理地址或者硬件地址，学名叫作介质访问控制(Media Access Control，MAC)地址。MAC 地址是联网主机互相识别的主要依据。

进行网络通信时要标明发送方和接收方的地址。MAC 地址主要用于局域网内部通信的标识；除了 MAC 地址之外，通常还需要配置 IP 地址，用于互联网通信，或者更准确地说，是跨网段的通信。

互联网是由很多或大或小的网络互联而成的，在每个网段内部通信时，MAC 地址是主要地址；主机和外部网络通信时，IP 地址是主要地址。

CentOS Linux 7 网络接口命名策略和先前的版本相比有所变化。在 CentOS Linux 7 之前使用传统接口命名方法“eth”+[0 1 2 ...]，eth 表示以太网(ethernet)接口网卡，后面是网卡序号。例如，eth0 表示第一块网卡、eth1 表示第二块网卡。

传统命名方法的优点是简单易记，但其缺点也很明显，即不能保证接口序号标识与网卡的物理位置一一对应。在用户添加、删除、更换网卡时，可能会出现接口序号标识改变的问题。例如，原来是 eth0，更换一块网卡后变成 eth1。

CentOS Linux 7 中使用了新的命名方法，新方法的前两位代表接口类型，en 代表以太网，

wl 代表无线局域网(Wireless Local Area Network，WLAN)，ww 代表无线广域网(Wireless Wide Area Network，WWAN)。对于以太网网卡，如果是板载设备，即主板集成网卡，接下来第三位用 o(onboard)表示；如果是插在主板上的总线插槽上的网卡，第三位用 s(slot，插槽)表示；如果是外置网卡，用 p 表示；如果是其他以太网网卡，用 x 表示。从第四位开始，网卡位置类型不同，编码规则也不同。例如 ens33，en 表示以太网卡，s 表示插在主板上的总线插槽上的网卡，33 是网卡所在插槽的位置标识。

例如，使用以下命令查看本机网卡接口配置文件内容。

```
#ls /etc/sysconfig/network-scripts
#cat /etc/sysconfig/network-scripts/ifcfg-en###
```

【任务实践】

1.14　配置网络和主机名

CentOS Linux 7 使用 NetworkManager 守护进程来管理网络，进行网络配置前，需要检查 NetworkManager 服务是否已经安装并正常运行。如果没有安装，使用“yum install NetworkManager”命令进行安装。

NetworkManager 服务的管理命令如表 1-21 所示。

表 1-21　NetworkManager 服务的管理命令

要完成的操作	命令实现
查看是否安装	#yum info NetworkManager
安装软件	#yum install NetworkManager
启动服务	#systemctl start NetworkManager. service
停止服务	#systemctl stop NetworkManager. service
重新启动服务	#systemctl restart NetworkManager. service
查看服务状态	#systemctl status NetworkManager. service
开机启动服务	#systemctl enable NetworkManager. service

1. 使用 nmtui 文本交互式工具进行网络配置

nmtui(Network Manager Text User Interface，网络管理图形用户交换工具)是基于命令行的网络配置工具，首先检测 nmtui 是否安装，如果未安装，则使用“yum install NetworkManager-tui”命令进行安装。

例如，检查并安装 nmtui，命令如下。

```
#yum info NetworkManager-tui
#yum install NetworkManager-tui
```

(1)执行“nmtui”命令，进入“Net workMauager TUI”界面可以看到3个命令选项，如图1-70所示。

- Edit a connection(编辑连接)：进行网络配置。
- Activate a connection(激活连接)：把网络接口激活，让网络配置生效。
- Set system hostname(设置系统主机名)：设置计算机名称。

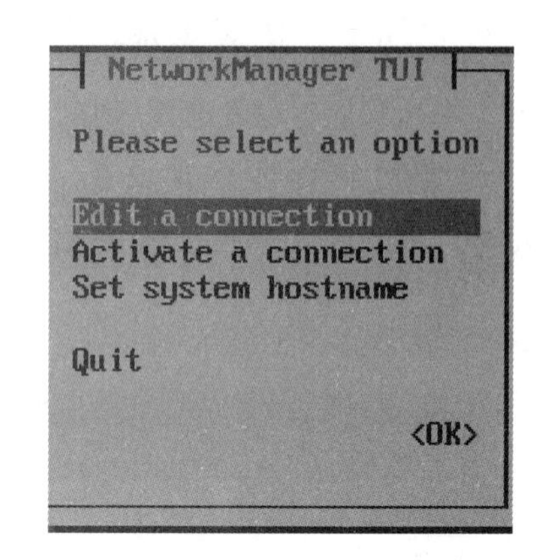

图1-70 “Net workMauager TUI”界面

(2)选择“Edit a connection”命令选项进入“Edit Connection”界面进行配置，如图1-71所示，或者在命令行直接输入“nmtui edit ens33”命令来直接指定网卡。

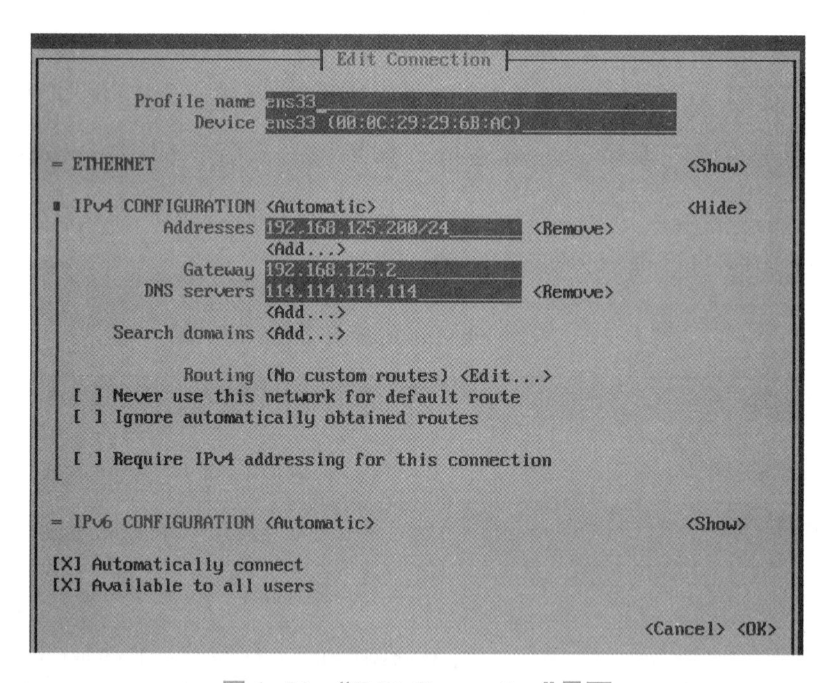

图1-71 “Edit Connection”界面

(3)配置完成后，选择“Activate a connection”命令选项进行配置或者在命令行直接输入“nmtui connect ens33”命令(把ens33改成本机网卡名)，激活网卡。

(4)选择“Set system hostname”命令选项来设置你的计算机名称。

计算机名称设置应符合“见文知意”的原则，简单的名称如“Server+序号”，或者按照功能命名，如“WebServer”“TestServer”等。在企业环境中，通常有很多服务器，此时会制定合理的命名规则，然后按照规则设置服务器名称，以便实施统一化管理。

(5)配置完成后需要通知 NetworkManager 服务来激活新的设置，执行“systemctl restart NetworkManager. service”命令，再执行“ifconfig”命令查看网络更新后的情况，以验证配置是否生效。

例如，按要求进行网络配置，命令如下，结果如图 1-72 所示。

```
#ls /etc/sysconfig/network-scripts/
#nmtui edit ens33
#nmtui connect ens33
#ifconfig
#systemctl restart NetworkManager.service
#ifconfig
```

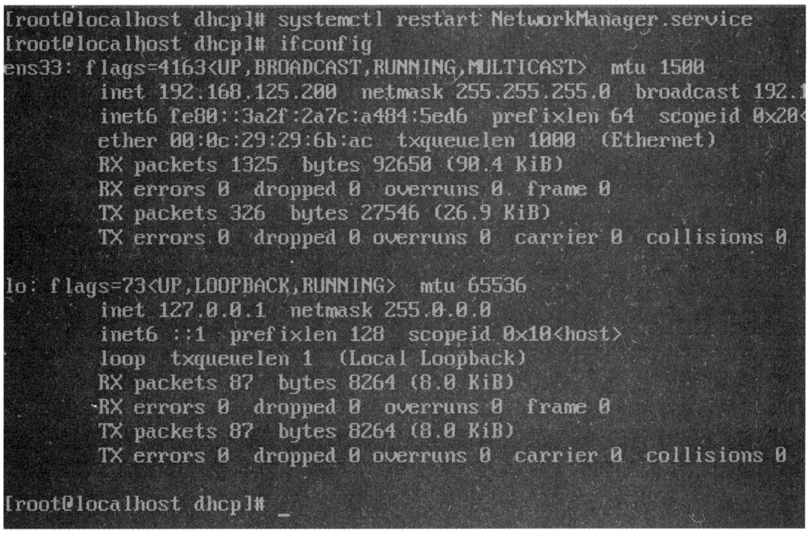

```
[root@localhost dhcp]# systemctl restart NetworkManager.service
[root@localhost dhcp]# ifconfig
ens33: flags=4163<UP,BROADCAST,RUNNING,MULTICAST>  mtu 1500
        inet 192.168.125.200  netmask 255.255.255.0  broadcast 192.1
        inet6 fe80::3a2f:2a7c:a484:5ed6  prefixlen 64  scopeid 0x20<
        ether 00:0c:29:29:6b:ac  txqueuelen 1000  (Ethernet)
        RX packets 1325  bytes 92650 (90.4 KiB)
        RX errors 0  dropped 0  overruns 0  frame 0
        TX packets 326  bytes 27546 (26.9 KiB)
        TX errors 0  dropped 0 overruns 0  carrier 0  collisions 0

lo: flags=73<UP,LOOPBACK,RUNNING>  mtu 65536
        inet 127.0.0.1  netmask 255.0.0.0
        inet6 ::1  prefixlen 128  scopeid 0x10<host>
        loop  txqueuelen 1  (Local Loopback)
        RX packets 87  bytes 8264 (8.0 KiB)
        RX errors 0  dropped 0  overruns 0  frame 0
        TX packets 87  bytes 8264 (8.0 KiB)
        TX errors 0  dropped 0 overruns 0  carrier 0  collisions 0

[root@localhost dhcp]# _
```

图 1-72　网络配置结果

2. 直接编辑配置文件进行网络配置

(1)使用“ifconfig”命令查看当前的网络配置信息，如图 1-73 所示。如果“ifconfig”命令未安装，可执行“yum install net-tools”命令来安装。

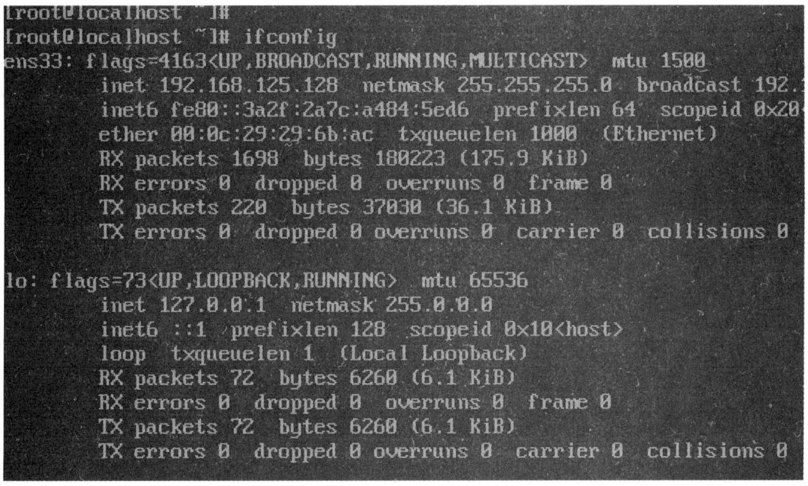

```
[root@localhost ~]#
[root@localhost ~]# ifconfig
ens33: flags=4163<UP,BROADCAST,RUNNING,MULTICAST>  mtu 1500
        inet 192.168.125.128  netmask 255.255.255.0  broadcast 192.
        inet6 fe80::3a2f:2a7c:a484:5ed6  prefixlen 64  scopeid 0x20
        ether 00:0c:29:29:6b:ac  txqueuelen 1000  (Ethernet)
        RX packets 1698  bytes 180223 (175.9 KiB)
        RX errors 0  dropped 0  overruns 0  frame 0
        TX packets 220  bytes 37030 (36.1 KiB)
        TX errors 0  dropped 0 overruns 0  carrier 0  collisions 0

lo: flags=73<UP,LOOPBACK,RUNNING>  mtu 65536
        inet 127.0.0.1  netmask 255.0.0.0
        inet6 ::1  prefixlen 128  scopeid 0x10<host>
        loop  txqueuelen 1  (Local Loopback)
        RX packets 72  bytes 6260 (6.1 KiB)
        RX errors 0  dropped 0  overruns 0  frame 0
        TX packets 72  bytes 6260 (6.1 KiB)
        TX errors 0  dropped 0 overruns 0  carrier 0  collisions 0
```

图 1-73　查看网络配置信息

从图 1-73 可以看到两个网络接口信息，第一个是 ens33，是本机网卡；第二个是 lo，是网络环回(loop)测试的接口。如果本机有多块网卡，可能会看到更多信息。

(2)使用 vi 编辑器直接编辑网卡配置文件，在/etc/sysconfig/network-scripts 目录下查找“ifcfg-”开头的文件，会找到一个文件 ifcfg-lo，这是网络环回测试接口的配置文件，此文件不需要改动；另外的“ifcfg-ens33”(ens33 为本机网卡名)就是要查找的配置文件，root 用户才有权限对此文件进行编辑。使用“cat”命令查看文件内容，使用 vi 命令进行编辑和保存。

例如，查看当前网卡配置，命令如下，结果如图 1-74 所示。

```
#cd /etc/sysconfig/network-scripts
#ls
#cat /etc/sysconfig/network-scripts/ifcfg-ens33
```

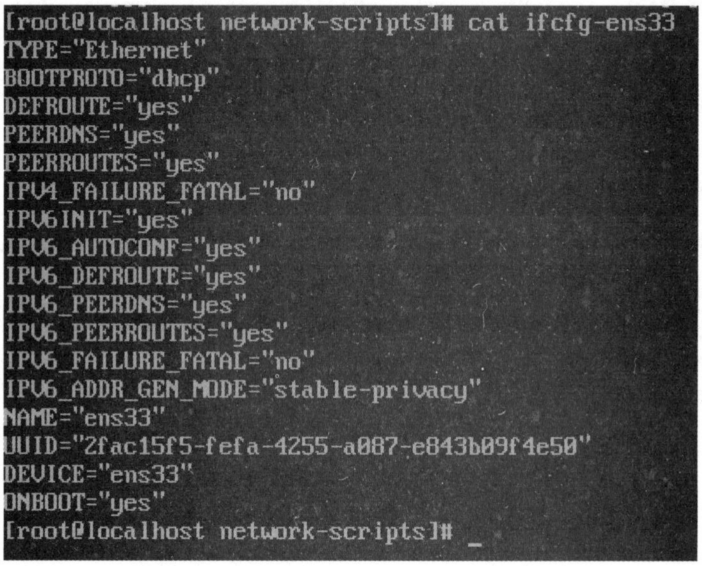

```
[root@localhost network-scripts]# cat ifcfg-ens33
TYPE="Ethernet"
BOOTPROTO="dhcp"
DEFROUTE="yes"
PEERDNS="yes"
PEERROUTES="yes"
IPV4_FAILURE_FATAL="no"
IPV6INIT="yes"
IPV6_AUTOCONF="yes"
IPV6_DEFROUTE="yes"
IPV6_PEERDNS="yes"
IPV6_PEERROUTES="yes"
IPV6_FAILURE_FATAL="no"
IPV6_ADDR_GEN_MODE="stable-privacy"
NAME="ens33"
UUID="2fac15f5-fefa-4255-a087-e843b09f4e50"
DEVICE="ens33"
ONBOOT="yes"
[root@localhost network-scripts]# _
```

图 1-74　查看网卡配置文件结果

(3)执行“vi/etc/sysconfig/network-scripts/ifcfg-ens33”命令打开网卡配置文件，按 i 键从命令模式进入编辑模式，编辑文件中的指定信息，不要修改任何其他内容，保留双引号，在双引号里面输入要配置的数据信息。配置文件中缺少的字段需要手动添加。编辑网卡配置文件，如表 1-22 所示。编辑完成，按 Esc 键返回命令模式，输入“:wq”命令保存文件并退出 vi 编辑器。

表 1-22　编辑网卡配置文件

要添加或修改的语句	语句功能描述
BOOTPROTO="static"	static 表示静态配置 IP 地址，dhcp 表示动态获取 IP 地址
IPADDR="10.64.125.100"	按要求配置 IP 地址
NETMASK="255.255.255.0"	按要求配置子网掩码，这里也可以写成 PREFIX="24"
GATEWAY="10.64.125.254"	按要求配置默认网关

续表

要添加或修改的语句	语句功能描述
DNS1 = "114. 114. 114. 114"	按要求配置 DNS 服务器，相关设置也可以在 resolve. conf 文件中进行编辑
DNS2 = "8. 8. 8. 8"	

例如，编辑网卡配置文件，查看并记录当前网络配置信息，与配置项对照，命令如下。

```
#vi /etc/sysconfig/network-scripts/ifcfg-ens33
#ifconfig
```

(4)网卡配置完成后，需要通知 NetworkManager 服务来激活新的设置，执行“systemctl restart NetworkManager. service”命令，再执行“ifconfig”命令查看更新后的网络配置情况，验证配置是否生效。

例如，重启网络管理服务，再次查看网络配置信息，与配置项对照，命令如下。

```
#systemctl restart NetworkManager. service
#ifconfig
```

(5)要设置服务器的主机名称，首先执行“hostname”命令查看当前服务器名称。要设置新的主机名称，需要编辑/etc/hostsname 文件并用指定的名称替换旧的主机名称。设置完主机名称后，执行“exit”命令注销，之后重新登录，或者把 NetworkManager 服务重新启动，再次执行“hostname”命令验证主机名称是否修改成功。修改主机名称命令如下，结果如图 1-75 所示。

```
#vi /etc/hostname
#hostname
#systemctl restart NetworkManager. service
#hostname
```

```
[root@liuxuegong ~]# hostname
liuxuegong.local
[root@liuxuegong ~]# systemctl restart NetworkManager.service
[root@liuxuegong ~]# hostname
liuxuegong1.local
```

图 1-75　修改主机名称结果

从图 1-75 可以看到，把/etc/hostname 文件中的主机名从 liuxuegong. local 修改成为 liuxuegong1. local 后，执行“hostname”命令查看主机名，主机名并没有改变；重新启动 NetworkManager 服务后再次查看主机名，主机名修改生效了。

1.15 暂时关闭安全机制，简化练习环境

服务器对安全的要求很高。安全性提高了，系统限制也就随之而来，使用系统就会变得困难，这会增大学习的难度。

可能影响实验效果的主要是访问权限的设置、防火墙对网络通信的拦截以及系统安全策略 SELinux 对操作的审核。

在实验练习中，如果发现实验过程出现偏差，除了配置失误的原因外，还有可能是由系统的安全机制造成的。

问题一：对操作目标权限不足，导致操作无法正常完成。

此时，可以根据需要赋予相关权限，或者简单地把权限提升到最高。当然，在实际工作中把权限提升到最高很可能导致安全隐患。

例如，查看访问权限，并提高用户对目录和文件的访问权限，命令如下。

```
#ls -l 文件或者目录名
#chmod 777 文件或目录名
```

问题二：到目标的网络是畅通的，但是某服务无法连接。

这通常是因为通信被防火墙拦截。此时可以配置防火墙，打开指定的通信端口，允许信息通过；更简单的方法是把防火墙服务 firewalld 暂时关闭。

例如，暂时关闭防火墙，命令如下。

```
#systemctl stop firewalld
```

问题三：权限也设置了，防火墙也关闭了，还是操作不成功。

系统最底层还有一级安全机制，即系统安全策略 SElinux。调整 SElinux 设置比较复杂，建议暂时关闭 SElinux。

例如，关闭 SElinux，命令如下。

```
#setenforce 0
```

1.16 常用的网络管理命令

1.16.1 使用“ip”命令管理网络

1. 安装 iproute 基本网络管理命令软件包

进行网络配置所使用的命令，基本来自两个包：net-tools 或者 iproute。net-tools 已经过

时，不再维护升级，现在主要使用的是 iproute 包。CentOS Linux 7 中，默认安装 iproute 包，不再默认安装 net-tools 包。

例如，检查 iproute 包是否安装，如果未安装，执行以下命令安装。

```
#yum info iproute
#yum install iproute
```

net-tools 包在 Linux 环境下使用了很长时间。图 1-76 所示为 net-tools 包中的命令和 iproute 包中的命令对照。

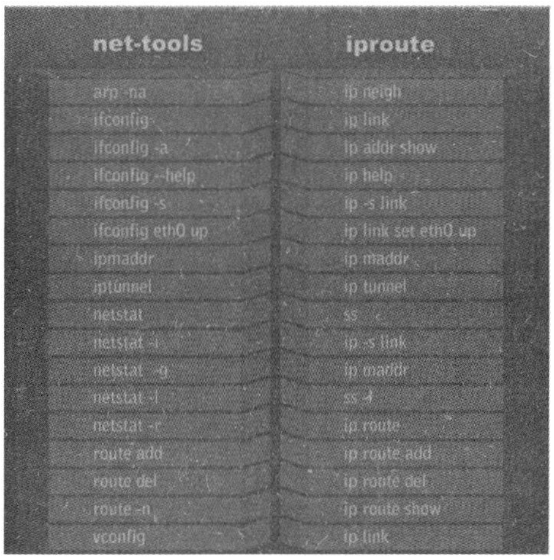

net-tools	iproute
arp -na	ip neigh
ifconfig	ip link
ifconfig -a	ip addr show
ifconfig --help	ip help
ifconfig -s	ip -s link
ifconfig eth0 up	ip link set eth0 up
ipmaddr	ip maddr
iptunnel	ip tunnel
netstat	ss
netstat -i	ip -s link
netstat -g	ip maddr
netstat -l	ss -l
netstat -r	ip route
route add	ip route add
route del	ip route del
route -n	ip route show
vconfig	ip link

图 1-76　net-tools 包和 iproute 包中的命令对照

2. 设置和删除 IP 地址

例如，要给你的计算机设置一个 IP 地址，可以使用以下命令。

```
#ip addr show ens33
#ip addr add 192.168.125.200/24 dev ens33
```

“dev”(device，设备)参数用于指定要配置的网络设备的标识。另外，配置的 IP 地址要有一个后缀，如/24，表示子网掩码位数是 24 位，即 255. 255. 255. 0。

例如，设置好 IP 地址后，查看是否已经生效，命令如下，结果如图 1-77 所示。

```
#ip addr show ens33
```

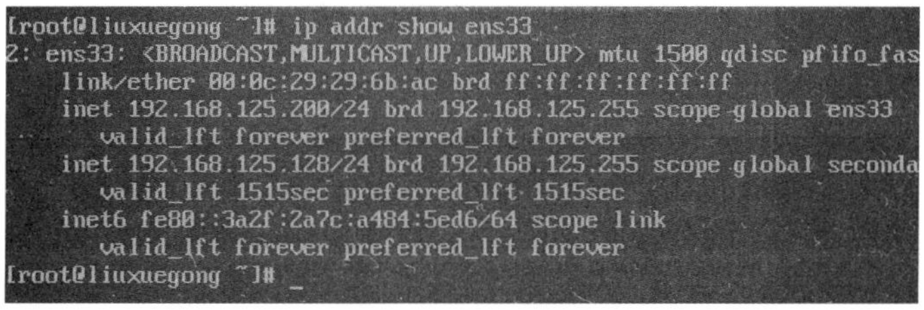

```
[root@liuxuegong ~]# ip addr show ens33
2: ens33: <BROADCAST,MULTICAST,UP,LOWER_UP> mtu 1500 qdisc pfifo_fas
    link/ether 00:0c:29:29:6b:ac brd ff:ff:ff:ff:ff:ff
    inet 192.168.125.200/24 brd 192.168.125.255 scope global ens33
       valid_lft forever preferred_lft forever
    inet 192.168.125.128/24 brd 192.168.125.255 scope global seconda
       valid_lft 1515sec preferred_lft 1515sec
    inet6 fe80::3a2f:2a7c:a484:5ed6/64 scope link
       valid_lft forever preferred_lft forever
[root@liuxuegong ~]# _
```

图 1-77　查看设置好的 IP 地址结果

例如，可以使用与设置 IP 地址相似的方式来删除 IP 地址，命令如下。

```
#ip addr del 192.168.125.128/24 dev ens33
```

3. 更改默认路由

“ip”命令路由对象的参数可以帮助用户查看网络中的路由数据，并设置用户的路由表。第一个条目是默认的路由条目，用户可以改动它，使其指向用户所在网络的默认网关。

例如，查看路由表信息，命令如下，结果如图 1-78 所示。

```
# ip route show
```

```
[root@liuxuegong ~]# ip route show
default via 192.168.125.2 dev ens33  proto static  metric 100
192.168.125.0/24 dev ens33  proto kernel  scope link  src 192.168.125.200
[root@liuxuegong ~]#
```

图 1-78　查看路由表信息结果

图 1-78 中，“default”表示默认路由，“via 192. 168. 125. 2”表示默认路由的 IP 地址，“dev ens33”表示发往默认路由的信息由此网络接口发送，“static”表示此路由是静态路由，“metric 100”是度量值。

例如，更改默认路由，命令如下。

```
#ip route add default via 192.168.125.2
```

4. 显示网络接口统计数据

使用“ip”命令还可以显示不同网络接口的统计数据，命令如下。

```
#ip -s link
```

当用户需要获取一个特定网络接口的信息时，在此命令后面添加“ls 网络接口名称”参数即可。

例如，查看网络接口统计信息，命令如下，结果如图 1-79 所示。

```
#ip -s link ls ens33
```

```
[root@liuxuegong ~]# ip -s link ls ens33
2: ens33: <BROADCAST,MULTICAST,UP,LOWER_UP> mtu 1500 qdis
0
    link/ether 00:0c:29:29:6b:ac brd ff:ff:ff:ff:ff:ff
    RX: bytes  packets  errors  dropped overrun mcast
    51198      774      0       0       0       0
    TX: bytes  packets  errors  dropped carrier collsns
    13108      149      0       0       0       0
```

图 1-79　查看网络接口统计信息

图 1-79 中，“link/ether”后跟的是设备的物理地址，“RX”这一行与其下一行是接收的信息统计，“TX”这一行与其下一行是发送的信息统计。

5. 查看 ARP 信息

地址解析协议(Address Resolution Protocol，ARP)用于将一个 IP 地址转换成它对应的物理地址，也就是通常所说的 MAC 地址。使用“ip neigh”命令或者“ip neighbour”命令，用户可以查看接入用户所在局域网的设备的 MAC 地址。

例如，查看当前接入用户所在局域网的 MAC 地址，命令如下，结果如图 1-80 所示。

```
#ip neighbour
```

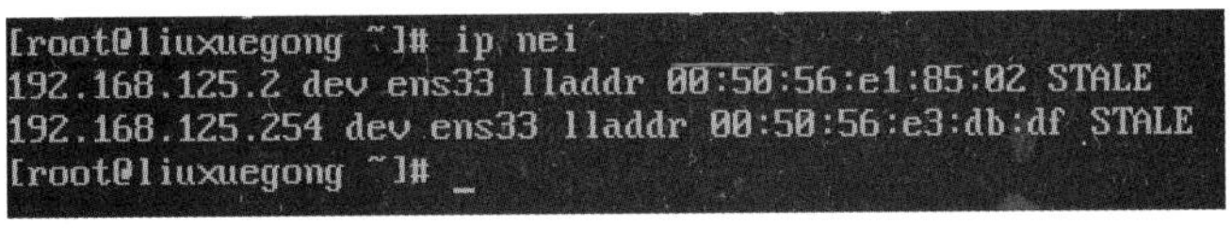

```
[root@liuxuegong ~]# ip nei
192.168.125.2 dev ens33 lladdr 00:50:56:e1:85:02 STALE
192.168.125.254 dev ens33 lladdr 00:50:56:e3:db:df STALE
[root@liuxuegong ~]# _
```

图 1-80　查看当前接入用户所在局域网的 MAC 地址结果

6. 监控网络设备的状态

使用“ip”命令可以查看网络设备的状态。“ip monitor”命令允许用户查看网络设备的状态。例如，局域网内的一台计算机，根据其状态可以被分成 REACHABLE 或者 STALE。

例如，监控网络设备的状态，命令如下，结果如图 1-81 所示。

```
#ip monitor all
```

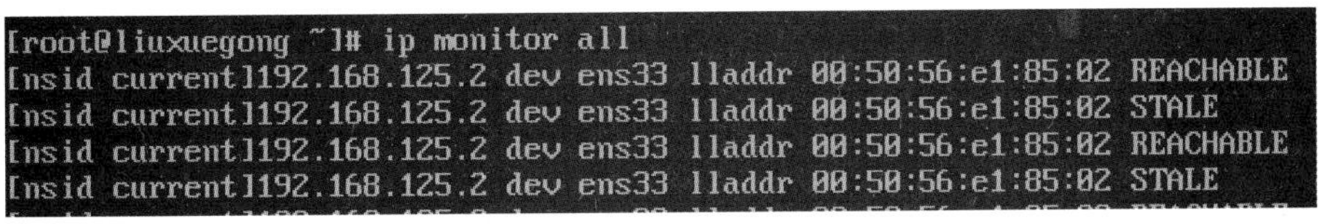

```
[root@liuxuegong ~]# ip monitor all
[nsid current]192.168.125.2 dev ens33 lladdr 00:50:56:e1:85:02 REACHABLE
[nsid current]192.168.125.2 dev ens33 lladdr 00:50:56:e1:85:02 STALE
[nsid current]192.168.125.2 dev ens33 lladdr 00:50:56:e1:85:02 REACHABLE
[nsid current]192.168.125.2 dev ens33 lladdr 00:50:56:e1:85:02 STALE
```

图 1-81　监控网络设备的状态结果

7. 激活和停止网络接口

例如，可以使用以下命令来激活和停止某个特定的网络接口。

```
#ip link set ens33 down
#ip link set ens33 up
```

8. 获取帮助

当用户不知道某一个特定的选项如何使用时，可以使用“ip help”命令。

例如，查看“ip”命令中与“route”相关的命令的帮助信息，命令如下，如图 1-82 所示。

```
#ip route help
```

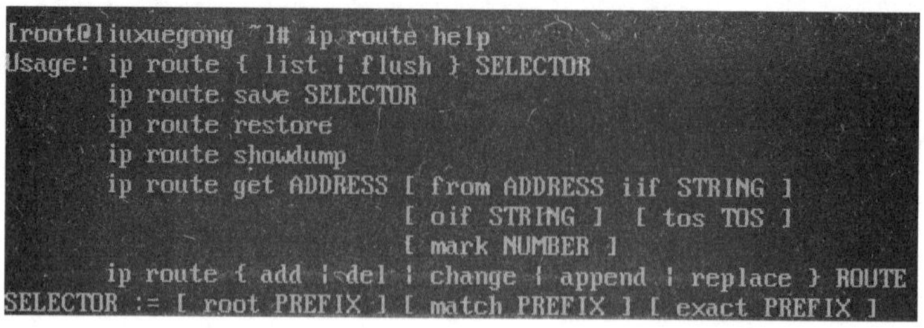

```
[root@liuxuegong ~]# ip route help
Usage: ip route { list | flush } SELECTOR
       ip route save SELECTOR
       ip route restore
       ip route showdump
       ip route get ADDRESS [ from ADDRESS iif STRING ]
                            [ oif STRING ]  [ tos TOS ]
                            [ mark NUMBER ]
       ip route { add | del | change | append | replace } ROUTE
SELECTOR := [ root PREFIX ] [ match PREFIX ] [ exact PREFIX ]
```

图 1-82　查看“ip”命令中与“route”相关的命令的帮助信息

1.16.2　网络检测命令

1. 用“ping”命令检查网络是否通畅或网络连接速度

Linux 操作系统的“ping”命令是常用的网络命令，它通常用来测试与目标主机的连通性。它发送互联网控制报文协议(Internet Control Message Protocol，ICMP)测试数据包到网络主机，并显示响应情况。这样，用户就可以根据它输出的信息来确定目标主机是否可以访问了。

有些服务器为了防止其他计算机通过“ping”命令探测到自己，通过防火墙设置了禁止“ping”命令或者在内核参数中禁止“ping”命令，这样就不能通过“ping”命令确定该主机是否还处于开启状态。

Linux 操作系统下的“ping”命令和 Windows 操作系统下的“ping”命令稍有区别，Linux 操作系统下“ping”命令不会自动终止，需要按 Ctrl+C 组合键终止或者用参数“-c”指定要求完成的测试次数。

(1)命令格式：

```
ping 参数  主机名或 IP 地址
```

(2)命令功能。

“ping”命令用于确定网络和各外部主机的状态，跟踪和隔离硬件和软件问题，测试、评估和管理网络。

如果目标主机正在运行并连接在网络中，它就对测试信号进行响应。

“ping”命令每秒发送一个数据包，并且为每个接收到的响应打印一行输出。“ping”命令计算信号往返时间和数据包丢失情况的统计信息，并且在完成之后显示一个简要总结。“ping”命令在程序超时或接收到回送信号时结束。

测试的目标可以是一个主机名，也可以是 IP 地址。当然，测试进行前，主机名也会自动转化成 IP 地址才可以进行测试。

(3)命令参数。

“ping”命令的各参数及其功能说明如表 1-23 所示。

表 1-23 “ping”命令的参数及其功能说明

参数	功能说明
-f	极限检测。大量且快速地送网络封包给一台机器，看它的回应
-r	忽略普通的路由表，直接将数据包送到远端主机上。通常是查看本机的网络接口是否有问题
-R	记录路由过程
-v	详细显示指令的执行过程
-c 数目	在发送指定数目的包后停止
-i 秒数	设定间隔几秒送一个网络封包给一台机器，预设值是每秒送一次
-p 范本	设置填满数据包的范本样式
-s 字节数	指定发送的数据字节数，预设值是 56，加上 8 字节的 ICMP 头，一共是 64 ICMP 数据字节
-t 时间	设置存活数值(Time To Live，TTL)的大小

例如，测试本机的网络功能是否正常，命令如下。

```
#ping 127.0.0.1
```

例如，测试本机 IP 地址(192.168.125.100)是否正常配置，命令如下。

```
#ping 192.168.125.100
```

例如，测试本地网关是否正常工作，命令如下，结果如图 1-83 所示。

```
#ping 192.168.125.2
```

```
[root@liuxuegong ~]# ping 192.168.125.2 -c 3
PING 192.168.125.2 (192.168.125.2) 56(84) bytes of data.
64 bytes from 192.168.125.2: icmp_seq=1 ttl=128 time=0.156 ms
64 bytes from 192.168.125.2: icmp_seq=2 ttl=128 time=0.169 ms
64 bytes from 192.168.125.2: icmp_seq=3 ttl=128 time=0.538 ms

--- 192.168.125.2 ping statistics ---
3 packets transmitted, 3 received, 0% packet loss, time 2001ms
rtt min/avg/max/mdev = 0.156/0.287/0.538/0.178 ms
```

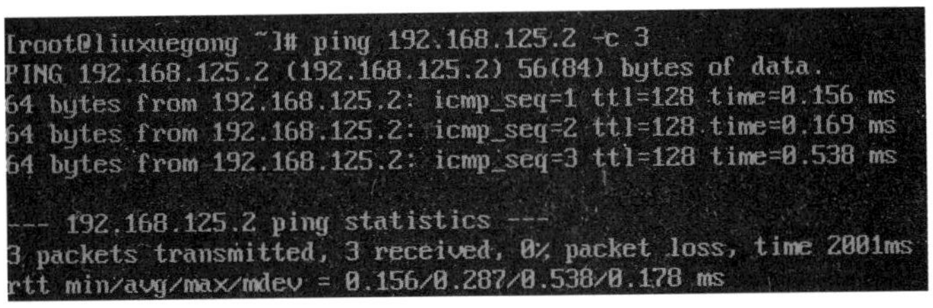

图 1-83 测试本地网关是否正常工作结果

例如，测试本地域名服务器是否正常工作，命令如下。

```
#ping 114.114.114.114
```

2. 用“ss”命令显示网络连接、路由表或接口状态

“ss”命令用于显示网络的通信状态。具体地说，我们可以通过“ss”命令查看本机和其他计算机的网络连接信息，包括本机使用的 IP 地址和端口地址以及对方使用的 IP 地址和端口地

址。“ss”命令是一个非常实用、快速、有效的跟踪 IP 连接的新工具。

例如，使用“time”命令对比“netstat”命令和“ss”命令的执行速度，统计服务器并发连接数。“netstat”命令相关信息如下。

```
#time netstat -ant |grep EST |wc -l
3100
real0m12.960s
user0m0.334s
sys0m12.561s
```

“3100”是最后的命令“wc -l”的输出信息，表示并发连接数共 3100 个，意味着有 3100 个连接正在跟本机通信。然后是命令使用的时间，共使用 13 秒完成查找统计。

“ss”命令相关信息如下。

```
# time ss -o state established |wc -l
3204
real0m0.030s
user0m0.005s
sys0m0.026s
```

“3204”是最后的命令“wc -l”的输出信息，当前连接本机的传输控制协议(Transmission Control Protocol，TCP)连接数共 3204 个，命令执行共使用 0.03 秒完成查找统计。

从结果上看，“ss”命令统计并发连接数效率远超“netstat”命令，因此“ss”命令的使用越来越普遍。

为什么“ss”命令比“netstat”命令快？这是因为“netstat”命令遍历/proc 下面每个进程识别号(Process Identification，PID)目录，“ss”命令直接读/proc/net 下面的统计信息，所以“ss”命令执行时所消耗的资源以及消耗的时间都比“netstat”命令少很多。

3. 常用“ss”命令参数

常用“ss”命令参数及其功能说明如表 1-24 所示。

表 1-24　常用的“ss”命令参数及其功能说明

参数	功能说明
ss -l	列出本地打开的所有端口
ss -pl	列出每个进程具体打开的端口
ss -t -a	列出打开的所有 TCP 端口
ss -u -a	列出打开的所有的用户数据报协议(User Datagram Protocol，UDP)端口
ss -s	列出当前打开端口的详细信息

例如，列出当前已经连接、关闭、等待的 TCP 连接，命令如下。

```
#ss -s
```

例如，列出当前监听端口，命令如下。

```
#ss - l
```

例如，列出每个进程名及其监听的端口，命令如下。

```
#ss - pl
```

例如，列出所有的 TCP 端口，命令如下，如图 1-84 所示。

```
#ss -t - a
```

```
[root@liuxuegong ~]# ss -t -a
State      Recv-Q Send-Q   Local Address:Port
LISTEN     0      10          127.0.0.1:domain
LISTEN     0      128                 *:ssh
LISTEN     0      100         127.0.0.1:smtp
LISTEN     0      128         127.0.0.1:rndc
LISTEN     0      62               :::mysql
LISTEN     0      128              :::http
LISTEN     0      10             ::1:domain
LISTEN     0      128              :::ssh
LISTEN     0      100            ::1:smtp
LISTEN     0      128            ::1:rndc
[root@liuxuegong ~]# _
```

图1-84 列出所有的TCP端口结果

例如，列出所有 UDP 端口，命令如下。

```
#ss -u - a
```

通过“traceroute”命令，我们可以知道信息从自己的计算机到互联网另一端的主机是走的什么路径。当然，每次数据包由某一同样的出发点(source)到达某一同样的目的地(destination)走的路径可能会不一样，但基本上来说，大部分时候所走的路径是相同的。

traceroute 程序的设计利用的是 ICMP 及 IP 头部的 TTL 字段。

首先，traceroute 程序送出一个 TTL 是 1 的 ICMP 数据包到目的地，当路径上的第一个路由器(router)收到这个包时，它将 TTL 减 1。此时，TTL 变为 0，所以该路由器会将此数据包丢掉，并送回一个 ICMP 消息，告知数据包被丢弃的情况，发送端收到这个消息后，便知道这个路由器存在于这个路径上。

接着，traceroute 程序再送出另一个 TTL 是 2 的数据包，发现第 2 个路由器。

traceroute 程序每次将送出的数据包的 TTL 加 1 来发现另一个路由器，这个重复的动作一直持续到某个数据包抵达目的地址。当到达目的地址后，该主机并不会送回报错消息，因为它已是目的地址了。

traceroute 程序会提取回复错误信息的设备的 IP 地址等信息。这样，traceroute 程序打印出一系列数据，包括所经过的路由设备的域名及 IP 地址、三个包每次来回所花时间。追踪路由路径命令如下，结果如图 1-85 所示。

```
#yum install traceroute
#traceroutewww. csdn. net
```

```
[root@liuxuegong ~]# traceroute www.csdn.net
traceroute to www.csdn.net (111.63.135.8), 30 hops max, 60 byte packets
 1  localhost (192.168.125.2)  0.210 ms  0.104 ms  0.117 ms
 2  * * *
```

图 1-85　追踪路由路径结果

 注意：

记录序列号从 1 开始，每个记录就是一跳，每跳表示到达一个网关。我们看到每行有 3 个时间，单位是 ms，其实就是“-q”的默认参数。

有时使用“traceroute”命令探测一台主机时，会看到有一些行是以星号表示的。出现这样的情况，可能是由于防火墙拦截了 ICMP 的返回信息，所以得不到相关的数据包返回数据。

为什么要拦截 ICMP 信息呢？这是因为网络攻击经常会利用 ICMP 来搜集主机信息，或者进行拒绝服务(Denial of Service，DoS)攻击。ICMP 具有消息自动回复特性，回复的信息可以被攻击者采集和利用；如果同时有大量的 ICMP 测试包到达服务器，自动回复这些测试包会瞬间占据服务器大量资源，可能会导致服务器无法继续正常提供服务，严重时甚至会宕机。

有时在某一网关处延时比较长，可能是由于某台网关比较阻塞，也可能是物理设备本身的原因。当然，当某台域名系统(Domain Name System，DNS)服务器出现问题，不能解析主机名、域名时，也会有延时长的现象；用户可以通过添加“-n”参数来避免 DNS 解析，以 IP 地址格式输出数据。

如果在某个路由设备上的时延突然增加很多，通常意味着这台路由设备工作异常。用户不能控制或者查看那台设备的具体配置信息，但是可以想办法绕开那台路由设备，比如使用代理。

1.16.3　文件传输和下载

1. 使用“scp”命令在主机之间复制文件

“scp”就是“secure copy”(安全复制)的意思，是一个在 Linux 操作系统下用来进行远程复制文件的命令。secure 意味着会进行通信加密，保证传输数据安全。

当用户需要获得远程服务器上的某个文件，而该服务器既没有配置文件传输协议(File Transfer Protocol，FTP)服务器，又没有做共享，无法通过常规途径获得文件时，只需要通过简单的“scp”命令便可达到目的。

例如，将本机文件复制到远程服务器上，命令如下，结果如图 1-86 所示。

```
#scp /root/aks2.cfg root@ 192.168.125.129:/root
```

```
[root@liuxuegong ~]# scp /root/aks2.cfg  root@192.168.125.129:/root
The authenticity of host '192.168.125.129 (192.168.125.129)' can't be
ECDSA key fingerprint is 9c:f2:f6:83:b3:53:07:28:62:d2:01:2d:0f:03:4c
Are you sure you want to continue connecting (yes/no)? yes
Warning: Permanently added '192.168.125.129' (ECDSA) to the list of k
root@192.168.125.129's password:
aks2.cfg                                                          10
[root@liuxuegong ~]#
```

图 1-86　将本机文件复制到远程服务器结果

命令说明：/root/aks2. cfg 是要复制的本地文件的绝对路径，aks2. cfg 是要复制到远程服务器上的本地文件。

在要复制的远程服务器上，要通过 root 用户（“@”之前是目标服务器上的用户名）进行登录，此用户需要在目标目录上具有写权限，否则无法复制成功。“192. 168. 125. 129”是远程服务器的 IP 地址，这里也可以使用域名或机器名。“:”后跟的是文件在远程服务器上的存放位置，这里是“/root”。

通过 root 用户登录远程服务器时，要输入“yes”表示同意建立 ssh（Secure Shell）连接；然后按照提示输入 root 用户的密码，ssh 连接就建立成功了。接下来开始传输文件，显示百分比、实际时间和传送速度等信息。

命令执行完毕，可以登录远程服务器，查看文件是否复制到了指定位置。

例如，将远程服务器上的文件复制到本机，命令如下，结果如图 1-87 所示。

```
#scp root@ 192.168.125.129:/root/a.cfg /root
#ls -l /root/a.cfg
```

```
[root@liuxuegong ~]# scp root@192.168.125.129:/root/a.cfg /root
root@192.168.125.129's password:
a.cfg                                                          10
[root@liuxuegong ~]# _
```

图 1-87　将远程服务器上的文件复制到本机结果

命令说明：命令各字段含义类似，“root”是远程服务器上具有权限的用户账号，“@”后是远程服务器的地址，“:”后是要复制的文件，最后的“/root”是复制文件到本机的位置。

命令执行完毕，使用“ls -l”命令查看文件是否复制成功。

2. 使用“wget”命令下载网络文件

wget 是一个从网络上自动下载文件的自由工具。它支持超文本传输协议（Hyper Text Transfer Protocol，HTTP）、超文本传输安全协议（Hyper Text Transfer Protocol Secure，HTTPS）和 FTP 协议，可以使用 HTTP 代理。

自动下载是指 wget 可以在用户退出系统之后在后台执行。这意味着用户可以登录系统启动一个 wget 下载任务，退出系统后，wget 将在后台执行，直到任务完成。

wget 是在 Linux 操作系统下开发的开放源代码的软件，具有断点续传功能，同时支持 FTP

和 HTTP 下载方式、代理服务器，设置方便简单，程序小，而且完全免费。

"wget"命令的基本语法如下。

```
#wget 参数列表 URL
```

例如，使用 wget 下载单个文件命令如下。

```
#wget http://linux.linuxidc.com/linuxconf/download.php? file=####
```

在下载的过程中会显示进度条，包含下载完成百分比、已经下载的字节、当前下载速度、剩余下载时间。

可以使用"wget -O"命令下载并以不同的文件名保存。wget 默认会以最后一个"/"后面的字符来命名，对于动态链接的下载，通常文件名会不正确。即使下载的文件是 zip 格式，它仍然以 download.php?#####命名。为了解决这个问题，可以使用"-O"参数来指定一个文件名，命令如下。

```
#wget -O test1.zip 目标 URL 地址
```

当文件量特别大或者网络传输速率特别慢时，往往一个文件还没有下载完，连接就已经被切断，此时就需要断点续传。

wget 的断点续传是自动的，只需要使用"-c"参数。

例如，使用"wget -c"命令断点续传。

```
#wget -c http://主机地址/目标文件
```

使用断点续传要求服务器支持断点续传。

"-t"参数表示重试次数。如果需要重试 100 次，就设置为"-t 100"；如果设置为"-t 0"，就表示无穷次重试，直到连接成功。

```
#wget -c -t 0http://主机地址/目标文件
```

"-T"参数表示超时等待时间，如"-T 120"表示等待 120 秒连接不上就算超时。

下载文件量非常大的文件时，由于耗时较长，可以使用"-b"参数进行后台下载。

例如，使用"wget -b"命令在后台下载。

```
#wget -b http://主机地址/目标文件
```

当进程在后台运行时，前台还可以继续执行其他命令。

因为进程在后台执行，所以看不到下载的进度。此时，需要使用以下命令来查看下载进度。

```
#tail -f wget-log
```

如果不希望下载信息直接显示在终端，而是存放在一个日志文件，可以使“wget-o”命令。

```
#wget -o download.log URL
```

如果有多个文件需要下载，那么可以生成一个文件，把每个文件的统一资源定位符(Uniform Resource Locator，URL)写一行。例如，生成文件 download.txt，然后执行“wget -i 文件名”命令批量下载。

```
#vi download.txt
#wget -i download.txt
```

这样，就会把 download.txt 中列出的每个 URL 对应的文件都下载下来。

上机实训 Linux 操作系统的安装和基本配置

本实训步骤自行设计，抓图记录每个操作步骤，并对结果进行简要分析，对遇到的故障和解决方法进行记录并分享。

可参照教材完成实训步骤设计。

为每一实训任务单独编写实训报告并提交。

1. 实训任务列表

任务一：配置虚拟机。

任务二：在虚拟机上安装和使用 CentOS Linux 7。

任务三：文件管理。

任务四：基本配置管理。

2. 实训步骤设计示例

任务一：配置虚拟机。

1)创建和管理虚拟机

(1)查看当前主机的设备信息。

①CPU 信息：CPU 的型号、主频、核数等。

②内存信息：内存型号、大小等。

③硬盘信息：硬盘型号、总大小、分区情况等。

④显卡信息：显卡型号、显存大小等。

⑤网卡信息：网卡型号、硬件地址等。

(2)查看当前主机资源使用情况。

①CPU 使用情况。

②内存使用情况。

③硬盘使用情况。

2)确定可分配给虚拟机使用的资源

(1)内存。

①总内存大小。

②空闲内存大小。

③要为当前主机保留使用的大小。

④可分配给虚拟机的内存上限。

(2)磁盘总容量。

①已使用容量。

②空闲容量大小。

③可分配给虚拟机使用的容量上限。

(3)当前主机的网络配置信息。

①网络设备名称。

②网络设备型号。

③网络设备 IP 地址。

④网络设备子网掩码。

⑤默认网关设置。

⑥DNS 服务器设置。

3)建立虚拟机创建计划

(1)需要几个虚拟机。

(2)虚拟机的资源设置。

(3)虚拟机的网络规划。

4)创建虚拟机(略)

PROJECT 2 项目2

常用服务的配置和使用

项目导入

小刘作为某公司的网络管理员，其中一项工作任务是负责创建和维护公司的网站。在上一个项目中，小刘完成了服务器的安装工作。接下来，他需要在服务器上安装 Web 服务器软件，作为公司对外网站的发布平台。除此之外，公司还需要为员工提供企业办公自动化平台(Web 版，内嵌电子邮件系统和 FTP 文件系统)和企业私有云存储平台(Web 版)。

项目分析

为了满足不同的业务需求，公司需要在操作系统上配置不同的应用服务器。

大多数企业需要建设和发布管理企业的网站，网站需要发布在 Web 服务器上，所以搭建自己的 Web 服务器是每个公司必需的业务内容。

企业网站是企业的门面，既是对外宣传企业的必需，又承载着客户交流、网上电子商务等任务，对企业生存和发展来说非常重要。

另外，企业内部办公基本已经电子化和 Web 化。多数企业的内部办公系统都依托 Web 平台建立和开发。

在公司的业务往来中，电子邮件是必不可少的业务工具。虽然网络上有各种不同类型的电子邮箱可以申请，但出于安全性、可靠性、经济性等考虑，很多企业会建立自己的电子邮件服务器来向员工提供邮件服务。

在日常工作中，通知下达、文件转发、报告提交等都涉及大量的文件交流。企业需要提供文件交流共享平台来实现日常办公。很多办公商业软件可以满足企业的日常办公需求，即使如此，企业仍然有足够的理由建立自己的文件服务器，来作为必要的补充。

现代企业办公自动化平台基本上集成了各种必备的要素，采用模块化机制开发，把电子邮件、FTP服务都容纳到自动化平台内部，无缝集成，构建全Web化的统一平台。

对于企业来说，对外网站提供信息发布、客户交流、业务门户、企业形象等多种功能，是必需的要素；电子邮件作为稳妥可靠的交流手段，是企业主要的交流渠道之一；文件传输作为另一种常用服务，不可或缺，在多方面发挥作用。每个企业都需要这些服务来各司其职，协同工作，一个都不能少。另外，作为企业网络的基础服务，动态主机配置协议（Dynamic Host Configuration Protocol，DHCP）服务和DNS服务通常也是需要提供的。

本项目首先简要介绍服务器的基本工作原理、常用服务及使用的端口地址，然后以Apache服务器为核心，对LAMP（Linux+Apache+MySQL+PHP）应用平台的安装、配置、使用进行介绍。

能力目标

能配置和使用DHCP服务。

能配置和使用DNS服务。

能配置和使用Web服务器。

知识目标

了解服务器的工作原理。

了解常见的网络服务和端口。

掌握服务器软件的安装和管理方法。

任务 1 理解服务器和服务器软件

在本任务，我们要关注 3 个问题：服务器是什么？为什么要使用服务器？怎样为服务器选择要提供的服务？

【知识储备】

2.1 了解服务器

服务器也是计算机，个人计算机(Personal Computer，PC)是通用计算机，服务器是专用计算机。

服务器是提供服务的计算机，通常需要安装服务器专用的操作系统。

服务器采用“RASUM”设计标准：可靠性、可用性、可维护性、易用性、可管理性。

2.1.1 服务器是什么

要充分了解服务器的含义，需要从以下两个方面来进行解析。

从物理上看，服务器首先是一台计算机，由 CPU、内存、主板、硬盘等部件构成，就像我们熟悉的个人计算机一样。与个人计算机的用途不同，服务器的设计目的是为海量用户提供全天候的网络服务，所以其在稳定性、可靠性、安全性等方面有强大的优势，属于专用领域强化计算机，如图 2-1 所示。我们可以使用个人计算机充当服务器，但是在专业领域，个人计算机的性能远远不如专业服务器优越。

图 2-1 个人计算机和服务器

从功能上看，服务器就是提供服务的计算机。与个人计算机的家用娱乐目的不同，服务器就像卖商品的商场，而个人计算机的角色类似于购买商品的顾客。在服务器上运行的功能软件，就是提供的各种不同类型的商品(服务)。

对于普通计算机而言，没有安装操作系统的计算机被称为“裸机”，只能识别执行二进制机器指令。但安装了操作系统之后，通过用户接口，人们就可以操作计算机了。为了让计算机完成更多的工作，在操作系统之上，用户需要安装各种专业化的软件来完成需要的功能，如文字处理软件、浏览器软件、媒体播放软件、网络聊天软件等。

服务器的工作原理和普通计算机相同。在网络应用架构中，服务器主要应用于数据库和Web服务，而个人计算机主要应用于桌面计算和网络终端。设计根本出发点的差异决定了服务器应该具备比个人计算机更可靠的持续运行能力、更强大的存储能力和网络通信能力、更快捷的故障恢复功能及更广阔的扩展空间。同时，对数据相当敏感的应用还要求服务器提供数据备份功能。而个人计算机在设计上更加重视人机接口的易用性、图像和三维(3D)处理能力及其他多媒体性能。

服务器的功能倾向与个人计算机完全不同，因此，虽然二者拥有相同的工作原理、类似的技术，但是看起来和使用起来差异巨大。

服务器上通常需要安装服务器专用的操作系统，如CentOS。

2.1.2　服务器的五大设计标准

服务器需要向互联网用户提供7×24小时不间断的服务，常常几个月甚至几年不关机或重新启动。作为计算机，服务器的性能参数与个人计算机类似，但是由于功能和角色定位不同，衡量服务器所采用的标准与个人计算机差别很大。对于服务器来说，通常采用“RASUM”设计标准。

- R：Reliability(可靠性)。
- A：Availability(可用性)。
- S：Serviceability(可维护性)。
- U：Usability(易使用性)。
- M：Manageability(易管理性)。

1. 可靠性

可靠性是指定时间内系统正常工作的概率。增强可靠性可以避免、检测和修复硬件故障。一个可靠性高的系统在发生故障时不应该默默地继续工作并交付结果。相反，它应该能自动检测错误，更好的情况是能修复错误。例如，通过重试操作修复间歇性错误，或者针对无法改正的错误，隔离故障并报告给其他恢复机制(切换至冗余硬件)。可靠性一般通过平均无故障时间(Mean Time Between Failure，MTBF)来衡量。

例如硬盘，假如MTBF高达120万小时，120万小时约为137年，这并不能理解成该硬盘每只均能工作 137 年不出故障，因为这不可能，而是指该硬盘的平均年故障率约为 0.7%（1/137），一年内，平均 1000 只硬盘有 7 只会出故障。考虑到硬盘的销售量，每年的故障硬盘数量其实也不少。

电子产品的寿命一般都符合浴盆曲线，可分为三个阶段，如图 2-2 所示。

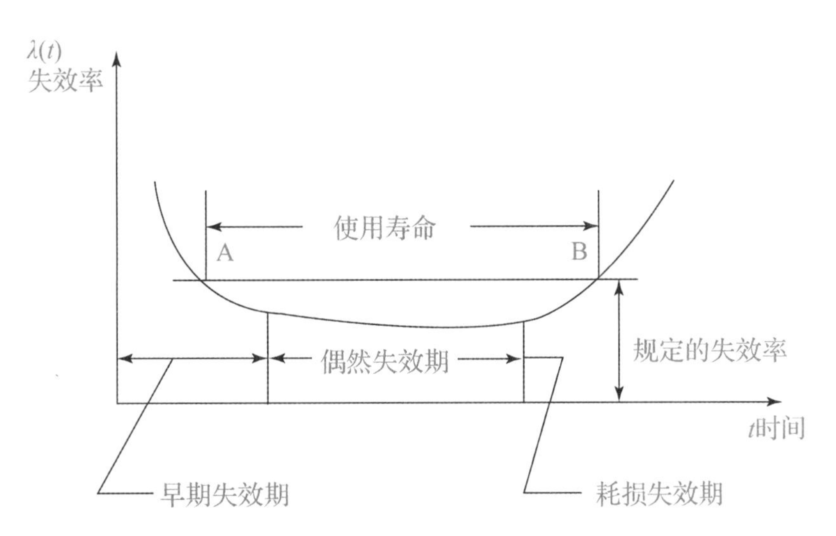

图 2-2　电子产品的浴盆曲线

（1）早期失效期：设计、原材料、生产等可能出现的原因导致一个较高失效率的阶段，也称失效率递减阶段。

（2）偶然失效期：这一阶段产品失效率近似一个常数，只有随机失效（偶然失效）产生，MTBF 即要达到这一阶段的寿命。

（3）耗损失效期：硬件故障期，产品这时已达到设计寿命，进入报废阶段。

MTBF 是用来度量偶然失效期的，所以，数据看起来比我们想象的高是很正常的。

2. 可用性

可用性是指系统的有效可用运行时间，代表系统的可用性程度。对于服务器而言，一个非常重要的方面就是它的可用性，即所选服务器能满足长期稳定工作的要求，不能经常出问题。因为服务器面对的是整个网络的用户，而不是单个用户。

在大中型企业中，通常要求服务器是永不中断的。在一些特殊应用领域，即使没有用户使用，有些服务器也得不间断地工作。这是因为它必须持续地为用户提供连接服务，而不管是上班，还是下班，也不管是工作日，还是休息日、节假日。这就是要求服务器必须具备极高的稳定性的根本原因。

可用性的度量方式是工作时间与总时间之比，一般用百分比来表示，如我们常说的 99.999%（“5 个 9”）。

通过表 2-1 中的计算可以看出，“1 个 9”和“2 个 9”分别表示连续运行一年时间内业务最多可能中断的时间是 36.5 天和 3.65 天，这种级别的可靠性，企业一般是无法接受的；而“6 个 9”则表示一年内业务可能中断的时间最多是 31 秒，这个级别的可靠性并非实现不了，但是要做到从“5 个 9”到“6 个 9”的可靠性提升，需要付出非常大的成本，性价比不高，所以评价可用性都只谈“3 个 9”至“5 个 9”。

表 2-1　可用性标准

级别	一年内可能中断的时间
1 个 9	(1-90%)×365=36.5 天
2 个 9	(1-99%)×365=3.65 天
3 个 9	(1-99.9%)×365×24=8.76 小时=526 分钟
4 个 9	(1-99.99%)×365×24=0.876 小时=52.6 分钟
5 个 9	(1-99.999%)×365×24×60=5.26 分钟
6 个 9	(1-99.9999%)×365×24×60×60=31 秒=0.526 分钟

理想情况下，服务器要 7×24 小时不间断地工作。对于这些服务器来说，也许真正工作开机的次数只有一次，那就是它刚买回全面安装配置好后正式投入使用的那一次。此后，它将会不间断地工作，直到彻底报废。如果服务器动不动就出毛病，则网络不可能保持长久正常运作。为了确保服务器具有高的可用性，除了要求各配件质量过关外，还可采取必要的技术和配置措施，如硬件冗余、热插拔、在线诊断等。

我们经常会听到高可用性的系统(“3 个 9”至“5 个 9”)，这样的系统在一年中可能只有几分钟的停机时间。另外，高可用系统通常可以在发生故障后继续运行，其方式可能是禁用故障部分。虽然这样系统性能可能会有一定降低，但保证了整个系统的可用性。

硬件冗余和热插拔对于高可用性系统基本是必备的技术。硬件冗余技术指对重要部件配置两个以上，从而保证一个设备故障时，还有其他设备能够继续提供服务，服务不间断。热插拔技术指在不断电关机的情况下，替换服务器支持热插拔的部件，以防此冗余部件全部损坏，造成系统瘫痪。

对于银行和证券交易系统，系统的高可用性是相当有价值的。

3. 可维护性

可维护性是指系统发生故障时检查和维修的便利程度。服务器需要不间断地持续工作，但再好的产品都有可能出现故障。服务器虽然在稳定性、可靠性方面比普通计算机好得多，但是也应有必要的避免出错的措施，以及时发现问题。这不仅可减少服务器出错的机会，还可大大提高服务器维护的效率。

系统的修复时间越长，其可维护性越低。可维护性包括系统出现故障时快速诊断故障的难易程度。早期的报错检查能有效减少系统宕机时间或避免系统宕机。例如，一些企业级系统发生故障时，可在无须人工干预的情况下自动调用服务中心，使设备厂商知晓故障并进行诊断、分析和解决。

4. 易使用性

易使用性是指人类对系统的易学和易用程度。易使用性设计的重点在于使系统或产品的设计能够符合使用者的习惯与需求。服务器的易使用性主要体现在服务器是不是容易操作、用户导航系统是不是完善、机箱设计是不是人性化、有没有关键恢复功能、有没有操作系统备份，以及有没有足够的培训支持等方面。

对于服务器来说，它的用户主要是系统管理员。服务器设计中的免工具拆卸设计，可以热插拔的电源模块、硬盘模块等，前端面板可在绿色、琥珀色和红色之间变换的发光二极管(Light Emitting Diode，LED)系统状态标识灯等，都是服务器在易用性方面的设计和实现。

服务器的功能相对于个人计算机来说复杂许多，不仅指其硬件配置，还指其软件系统配置。服务器要实现如此多的功能，没有全面的软件支持是无法想象的。但是软件系统增加之后，又可能造成服务器的使用性能下降，增大管理难度。

软件的易使用性也是一个非常重要的衡量标准，因为大多数软件都是人在使用。

易用性通常包含下列元素：可学习性(Learnability)、效率(Efficiency)、可记忆性(Memorability)、很少出现严重错误(Errors)和满意度(Satisfaction)。

5. 易管理性

易管理性是指系统在运行过程中便于管理的程度。良好的易管理性可以有效地减少系统的管理和维护成本。

事实上，高素质的管理者严重稀缺，很难获得。中小企业通常会考虑把管理任务外包给专业公司，因为很难招聘到合适的人才来管理自己的系统。为了降低管理难度，服务器的易管理性是很重要的。例如，服务器中通常所设计的可通过远程管理来实现服务器的远程管理，通过智能平台管理接口来实现远程对服务器物理健康特征的监控，包括温度、电压、风扇工作状态、电源状态等。

服务器的易管理性还体现在服务器有没有智能管理系统、有没有自动报警功能、是不是有独立于系统的管理系统等方面。有了方便的工具，管理员才能轻松管理，高效工作。

2.2 服务器的简单分类

2.2.1 按外形分类

虽然服务器也是计算机，但看起来和我们熟悉的个人计算机差异很大。从外形上分，服务器可以分为机架式服务器、刀片式服务器、塔式服务器、机柜式服务器等。

1. 机架式服务器

机架式服务器(见图 2-3)安装在标准的 19 英寸(1 英寸 = 25.4mm)机柜中。机架式服务器的外形扁而长，看起来类似于交换机。

相比不少企业的自建机房，大型专业信息中心更加正规和专业化，会统一部署和管理大量的服务器资源。大型信息中心通常设有严密的安保措施、良好的温湿度控制系统、多重备份的供电系统，机房的总体造价十分昂贵。对于专用机房来说，如何在有限的空间内部署更多的服务器，直接关系到企业的服务成本。

图 2-3　机架式服务器

对于专业机房，选择服务器时首先要考虑服务器的体积、功耗、发热量等物理参数，通常会选用机架式服务器。

机架式服务器也有多种规格，如1U(4.45cm高)、2U、4U、6U、8U等。通常1U的机架式服务器最节省空间，但性能和可扩展性较差，适合一些业务相对固定的使用领域。4U以上的产品性能较高，可扩展性好，一般支持4个以上的高性能处理器和大量的标准热插拔部件，管理也十分方便，厂商通常会提供相应的管理和监控工具，适合大访问量的关键应用，但体积较大，空间利用率不高。

2. 刀片式服务器

刀片式服务器(见图2-4)是指在标准高度的机架式机箱内插装多个卡式的服务器单元，实现高可用性和高密度。每一块“刀片”实际上就是一块系统主板。它们可以通过“板载”硬盘启动自己的操作系统，类似于一个个独立的服务器。在这种模式下，每一块母板运行自己的操作系统，服务于指定的不同用户群，相互之间没有关联。

图 2-4　刀片式服务器

与机架式服务器和机柜式服务器相比，单片母板的性能较低。不过，管理员可以使用系统软件将这些母板集合成一个服务器集群。在集群模式下，所有的母板可以连接起来提供高速的网络环境，并同时共享资源，为相同的用户群服务。通过在集群中插入新的“刀片”，可以提高整体性能。而由于每块“刀片”都是热插拔的，可以轻松地进行替换，所以维护时间可减少到最小。

3. 塔式服务器

塔式服务器(见图2-5)应该是最容易理解的一种服务器结构类型，因为它的外形及结构都跟我们平时使用的立式个人计算机差不多。当然，因为塔式服务器的主板扩展性较强、插槽也多出一些，所以其个头比普通主板大一些，因此塔式服务器的主机机箱也比标准的个人计算机机箱要大，一般都会预留足够的内部空间，以便日后进行硬盘和电源的冗余扩展。

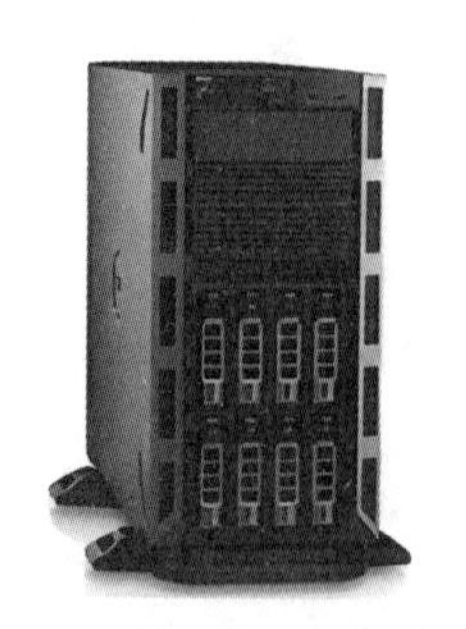

图 2-5　塔式服务器

因为塔式服务器的机箱比较大，服务器的配置也可以很高，冗余扩展更可以很齐备，所以它的应用范围非常广，应该说是使用率最高的一种服务器。我们平时常说的通用服务器一般都是塔式服务器，它可以集多种常见的服务应用于一身，不管是速度应用，还是存储应用，都可以使用塔式服务器来实现。

4. 机柜式服务器

在一些高档企业服务器中，由于内部结构复杂，内部设备较多，有的具有许多不同的设备单元或几个服务器都放在一个机柜中，这种服务器就是机柜式服务器，如图 2 6 所示。机柜式服务器通常由机架式服务器、刀片式服务器再加上其他设备组合而成。

图 2-6　机柜式服务器

2.2.2　按应用规模分类

按应用规模分类，是服务器最为普遍的一种分类方法，它主要根据企业应用规模来进行服务器的划分。按这种划分方法，服务器可分为入门级服务器、工作组级服务器、部门级服务器、企业级服务器。

1. 入门级服务器(应用规模≤20)

入门级服务器是最基础的一类服务器，也是最低档的服务器。许多入门级服务器与个人计算机的配置差不多，或者就是使用高性能的品牌个人计算机。这类服务器所包含的服务器特性并不是很多，通常只具备以下几方面的特性。

(1)有一些基本硬件的冗余，如硬盘、电源、风扇等。

(2)通常采用 SCSI 硬盘，也有采用串行先进技术总线附属(Serial Advanced Technology Attachment，SATA)接口的。

(3)部分部件支持热插拔，如硬盘和内存等。

(4)通常只有一个 CPU。

(5)内存容量最大支持 16GB。

图 2-7 是一家酒店的网络拓扑图，由于业务计算机数量只有几台，业务相对单一，应用规模也小，业务平台使用了入门级服务器(左上区域)。图示中心区域是酒店无线网络控制器，作为酒店网络的中心设备，向下通过交换机连接业务计算机以及无线接入设备，提供点餐、结算等服务。右上区域是网络接入，提供上网功能。

入门级服务器所连的终端比较有限(通常为 20 台左右)，稳定性、可扩展性以及容错冗余性能较差，仅适用于没有大型数据库数据交换、日常工作网络流量不大、无须长期不间断开机的小型企业。

2. 工作组级服务器(应用规模≤50)

工作组级服务器的应用规模，通常是连接一个工作组(50 台左右)规模的用户。因为网络规模较小，服务器的稳定性要求也不算高，在其他性能方面的要求也相应低一些。工作组服务器具有以下几方面的特性。

(1)通常仅支持单或双 CPU 结构的应用服务器。

(2)可支持大容量的差错校验(Error Checking and Correction，ECC)内存和增强服务器管理

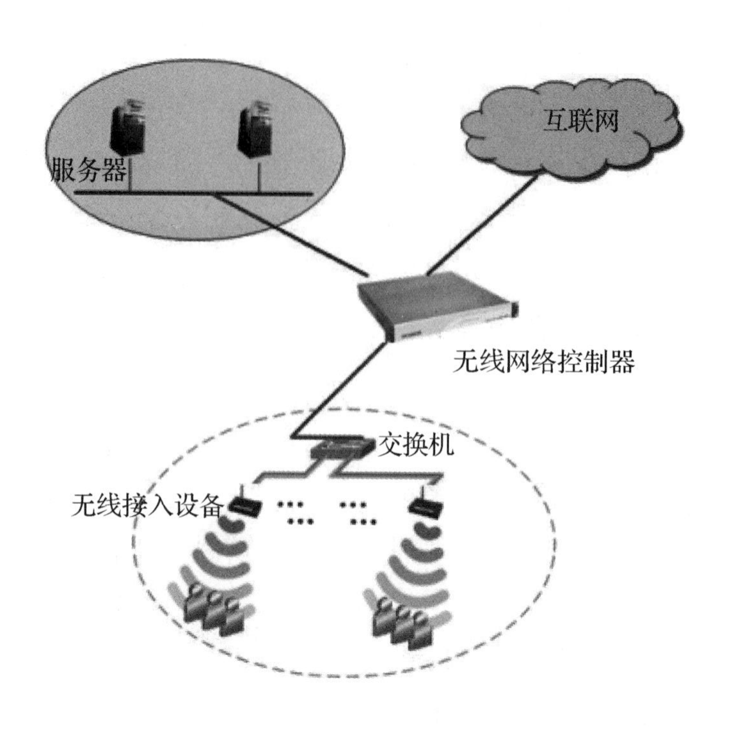

图 2-7　入门级网络拓扑

功能的 SM 总线。

(3)功能较全面、可管理性强，且易于维护。

(4)采用 Intel 服务器 CPU 和 Windows 网络操作系统，但也有一部分是采用 Linux 系列操作系统的。

(5)可以满足中小型网络用户的数据处理、文件共享、互联网(Internet)接入及简单数据库应用的需求。

图 2-8 是一家企业的网络拓扑图，企业本身有几十台员工计算机，分属各个部门。图 2-8 右侧是工作计算机区域，由两台交换机进行联网。因为有多种业务需求，所以配置了多台工作组级服务器，图 2-8 左上部分就是服务器区。图 2-8 左下连接互联网，提供上网功能。

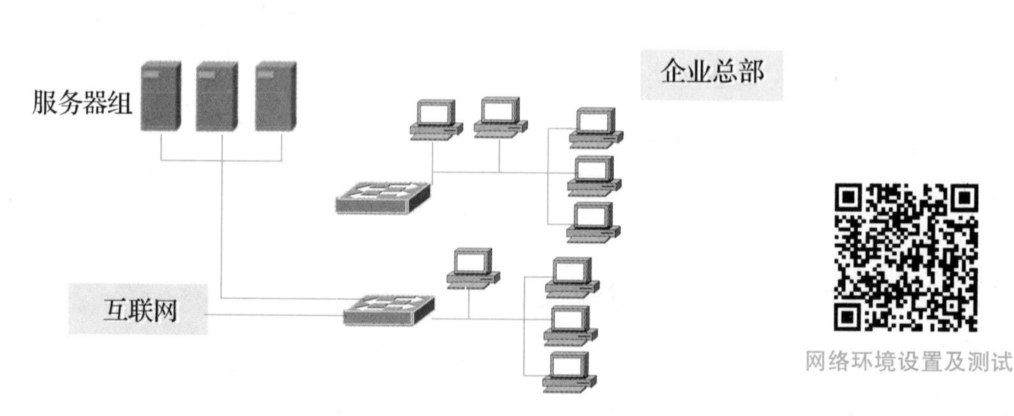

图 2-8　工作组级网络拓扑

工作组级服务器较入门级服务器来说性能有所提高，功能有所增强，有一定的可扩展性，但容错和冗余性能仍不完善，也不能满足大型数据库系统的应用，但价格比入门级服务器贵许多，一般相当于2~3台高性能的个人计算机品牌机的总价。

3. 部门级服务器(应用规模≤100)

这类服务器属于中档服务器之列，一般支持双CPU以上的对称处理器结构，具备比较完全的硬件配置，如磁盘阵列等。

部门级服务器最大的特点就是，除了具有工作组服务器的全部特点外，还集成了大量的监测及管理电路，具有全面的服务器管理能力，可监测温度、电压等状态参数，结合标准服务器管理软件，使管理人员及时了解服务器的工作状况。

同时，大多数部门级服务器具有优良的系统扩展性，可让用户在业务量迅速增大时能够及时在线升级系统，充分保护了用户的投资。它是企业网络中分散的各基层数据采集单位与最高层的数据中心保持顺利连通的必要环节，一般为中型企业的首选，也可用于金融、邮电等行业。

部门级服务器一般采用IBM、SUN和HP等公司各自开发的CPU芯片，这类芯片一般是精简指令集计算机(Reduced Instruction Set Computer，RISC)结构，所采用的操作系统一般是UNIX系列操作系统，Linux操作系统也在部门级服务器中得到了广泛应用。

图2-9是一家中等规模的网络公司，有接近百台员工计算机。图2-9右下区域是公司的业务区，因为应用规模较大，计算机数量较多，所以网络拓扑由核心层和接入层构建了两级体系结构，实现网络连接与网络管理。图2-9右上区域是服务器区，公司的核心业务很重要，所以采用部门级服务器，并构建了双机热备。这样，即使服务器出现问题，也不会导致业务中断出错。因为业务数据量非常大，所以选择了外置大存储设备。图2-9左上区域提供互联网接入。

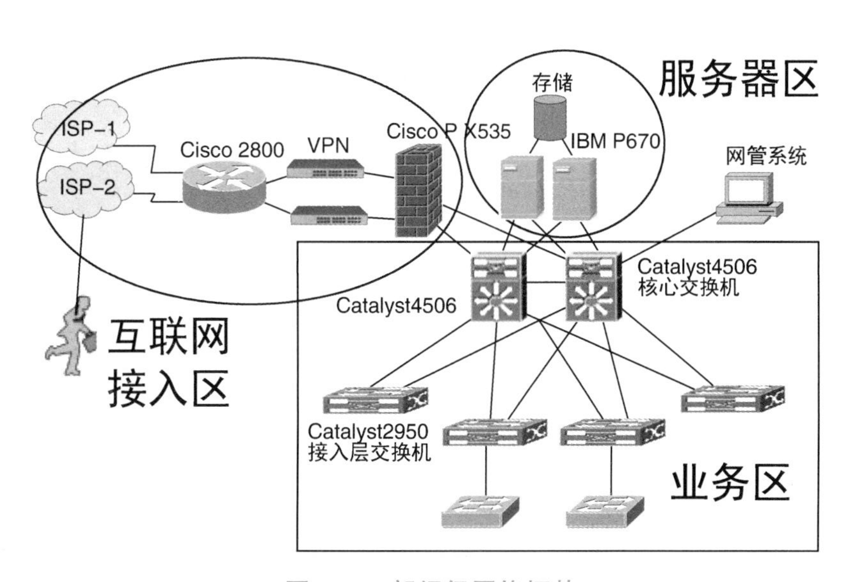

图2-9　部门级网络拓扑

部门级服务器可连接100个左右的计算机用户，适用于处理速度和系统可靠性高一些的中小型企业网络。其硬件配置相对较高，可靠性比工作组级服务器要高一些，当然价格也较高(通常为5台左右高性能个人计算机的价格总和)。因为这类服务器需要安装比较多的部件，所以机箱通常较大，有的服务器会采用机柜式。

4. 企业级服务器(应用规模≤?)

企业级服务器属于高档服务器行列，最起码采用4个以上CPU的对称处理器结构，有的高达几十个。另外，还具有独立的双协议控制信息(Protocol Control Information，PCI)通道和内存扩展板设计，具有高内存带宽、大容量热插拔硬盘和热插拔电源、超强的数据处理能力和群集性能等。

企业级服务器的机箱更大，一般为机柜式，有的由几个机柜组成，像大型机一样。企业级服务器产品除了具有部门级服务器的全部服务器特性外，还具有高度的容错能力、优良的扩展性能、故障预报警功能、在线诊断功能，以及随机存储器(Random Access Memory，RAM)、PCI、CPU等的热插拔性能。有的企业级服务器还引入了大型计算机的许多优良特性。这类服务器所采用的芯片也都是几大服务器开发、生产厂商自己开发的独有CPU芯片，所采用的操作系统一般也是UNIX(Solaris)操作系统或Linux操作系统。

图2-10是一家大学的网络拓扑图。可以看出，学校采用了核心层→汇聚层→接入层的三级网络体系结构，用户计算机数量几千台，应用规模非常大，而且大学业务需求多种多样，需要大量的服务器处理多种类别、海量的数据和业务，所以应该选择企业级服务器支撑重要的业务。另外，还要有大量的中低端服务器作为补充。图2-10并没有标注服务器区域和互联网接入区域，但看了前面的几张拓扑图后，我们也可以类比感受。

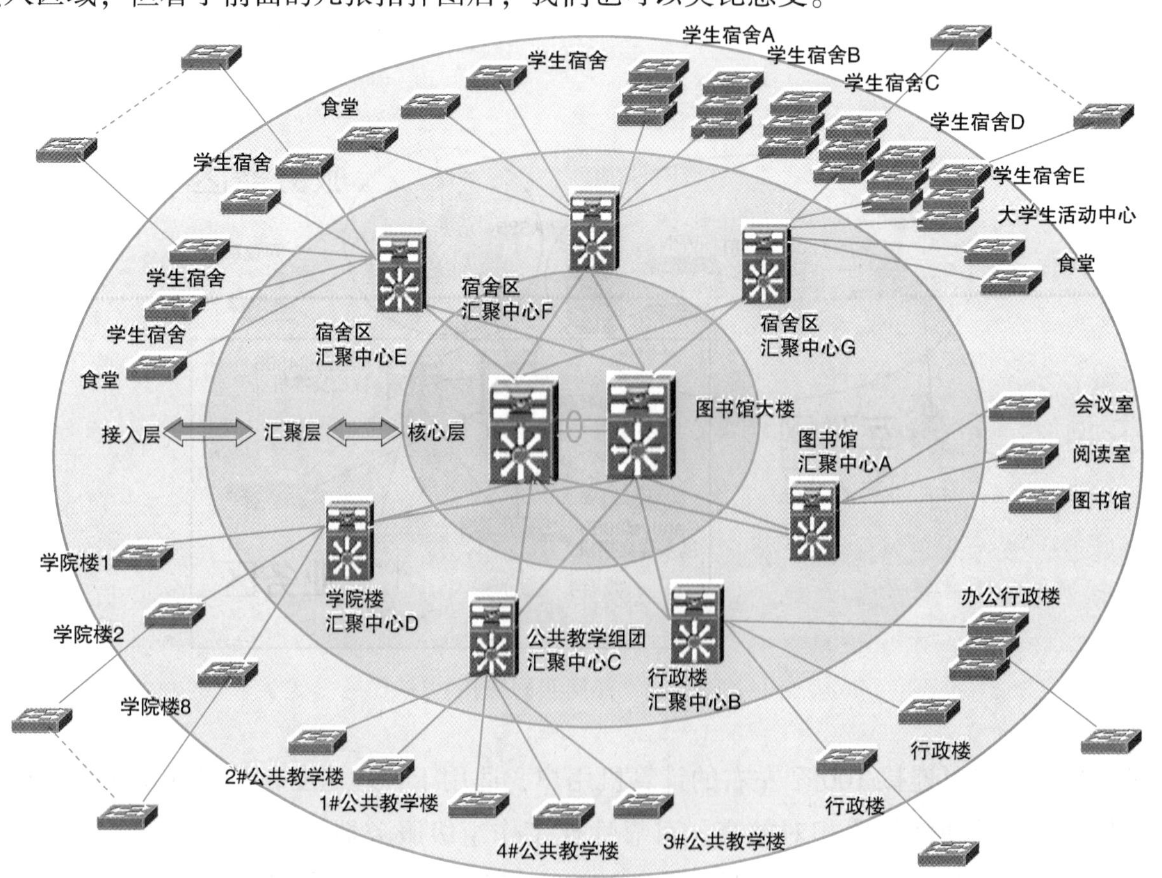

图2-10　大学网络拓扑

企业级服务器适合运行于需要处理大量数据、处理速度高和对可靠性要求极高的金融、证券、交通、邮电、通信或大型企业。企业级服务器用于应用规模在数百台以上、对处理速度和数据安全要求非常高的大型网络。企业级服务器的硬件配置最高，系统可靠性也最强。

2.3 常见服务与对应端口

要提供什么样的服务，就需要什么功能的服务器软件。

DHCP 服务自动管理 IP 地址的分配和回收。DNS 服务把 IP 地址和域名关联起来，用户才可以正常使用域名访问服务器。Web 服务就是平常说的网站服务。FTP 服务用于 Internet 上文件的双向传输。电子邮件服务可以收发电子邮件。每个服务都有约定的端口。

服务器上运行着多种服务，这些系统如何和谐共存，协同工作呢?

类比现实，似乎也不难理解。如果我们去商场转转，想买日常用品，就去超市区；想买衣物，就去衣物区；想吃饭，就去餐厅。我们所需要的是方便的指示牌，告诉我们要去的地方在哪里。

端口地址就是服务在服务器中的标识，有了它，用户就能找到并享受服务了。服务的端口地址是有默认约定的，虽然可以进行改动，但是改动之后用户就可能找不到这个服务了，因为它不知道改成了哪个端口。

2.3.1 基础服务

1. IP 地址和域名

服务器的设计目的就是向互联网用户提供服务。要提供什么服务，就需要具有什么功能的服务器软件。要接入网络，首先必须拥有合法的 IP 地址，这样网络用户才可以从网络找到服务器。

IP 地址作为网络节点(用户 PC、服务器及所有的联网设备)的唯一标识，就像公民的身份证一样。它是计算机或者其他网络设备在网络上的根本性的基础标识。

IP 地址是 32 位二进制数，使用时用点分十进制来表示，用 3 个小数点把 32 位二进制数分割成 4 部分，每部分 8 位，然后把 8 位二进制数用十进制表示。这样，用户看到的 IP 地址就是由 3 个小数点分成的 4 个数字，每个数字最小是 0，最大是 255。0 是 8 位二进制数 00000000 的十进制表示，也是 8 位二进制数的最小值；255 是 8 位二进制数 11111111 的十进制表示，也是 8 位二进制数的最大值。例如点分十进制的 IP 地址 114. 114. 114. 114。

32 位 IP 地址由两部分构成，即网络地址和主机地址。网络地址用于标识属于哪一个网络，主机地址用于标识网络中的主机。

就像身份证号和人名的关系一样，IP 地址是一串数字，记忆起来很不友好。因此，服务器会给它起个名字，见文知意，比较友好，也容易记忆。在互联网中，这个名字被称为域名

(Domain Name)。域名也由两部分构成，即主机名+所属域。主机名标识服务器，所属域标识属于哪一个组织部门。例如 www. sohu. com 中，www 是服务器的标识名称，sohu. com 是所属域。

2. DHCP 与 DNS

用户的 IP 地址通常是动态获取的，每次上网都在变，但是服务器的 IP 是固定不变的。用户知道服务器的 IP 地址后，就可以通过网络来访问服务器了。

互联网中有百万以上的服务器，有十亿以上的计算机，每个设备都需要一个 IP。

每个企业部门少则几十台主机，多则几百、几千台主机，因特网服务提供方(Internet Service Provider，ISP)进行商业接入，客户主机数量更是以万计数。对这么多 IP 地址进行人工管理效率是很低的，这时需要一个服务来自动管理 IP 地址的分配和回收，这就是 DHCP 服务。

通过 DHCP 服务，每台主机联网时，从 DHCP 服务器申请一个 IP 地址设置使用；使用完毕后，IP 地址可以回收，再提供给其他用户使用。只需要配置好 DHCP 服务，就不用操心 IP 地址设置的问题了。

访问服务器需要的是 IP 地址，用户平常使用的是域名，所以需要一种服务把 IP 地址和域名关联起来，这就是 DNS 服务。通过 DNS 服务，用户才可以正常使用域名访问服务器。每次访问服务器时，DNS 服务会帮助用户把域名解析成 IP 地址，然后用 IP 地址去访问服务器。

2.3.2 常用服务

1. Web 服务

Web 服务就是我们平常所说的网站服务，是最为流行的网络服务，为用户提供网站发布运行的基础平台。用户制作的网站页面就像店铺里面的商品，把它们放到店铺里，就可以进行销售了。Web 服务就像店铺，用户可以自由访问里面的网页。

Web 服务是“客户端/服务器”工作模式，用户使用浏览器作为客户端来访问服务器上的网站，这种模式也常常被称为“浏览器/服务器”工作模式。

要提供 Web 服务，需要安装 Web 服务器软件。Linux 环境下较为流行的 Web 服务器软件是 Apache Web Server。

2. FTP 服务

FTP 用于 Internet 上文件的双向传输。支持 FTP 的服务器就是 FTP 服务器。

与大多数 Internet 服务一样，FTP 服务也是一个客户端/服务器系统。用户通过一个支持 FTP 的客户端程序，连接到在远程主机上的 FTP 服务器程序。用户通过客户端程序向服务器程序发出命令，服务器程序执行用户发出的命令，并将执行的结果返回客户端。例如，用户发出一条命令，要求服务器向用户传送某一个文件的一份备份，服务器会响应这条命令，将指定文件送到用户的机器上。客户端程序代表用户接收这个文件，将其存放在用户目录中。

3. 电子邮件服务

电子邮件在 Internet 上发送和接收的原理可以很形象地用日常生活中邮寄信件或包裹来形容：当我们要寄一个包裹时，首先要找到任何一个有这项业务的邮局或者快递公司，在填写完收件人姓名、地址等之后，邮件就寄出了，等到了收件人所在地的邮局或者快递公司，收件人就可以在任何自己适合的时间接收信件或包裹。同样地，当发送电子邮件时，这封邮件由发信人的邮件服务器发出，并根据收信人的地址判断对方的邮件接收服务器，而将这封信发送到该服务器上，收信人要收取邮件，可以随时访问自己邮件服务器上的信箱。

2.3.3 服务与端口地址

在服务器上运行着多种服务，这些服务同时运行，各负其责，协作完成系统功能。当一个请求信息发送到服务器时，怎样识别信息是送给哪一个服务的呢？

服务器就像一座办公楼，里面有很多房间可以进入，每个房间都有自己的编号。不同的服务也会有自己的编号，称为端口地址。网络服务运行时会绑定端口，当用户发送信息时，标明是发送给哪个端口，系统会自动转送给对应的服务。

控制信息发送和接收的传输协议有两种：TCP 和 UDP。相应地，端口也有两种，即 TCP 端口和 UDP 端口，每种端口都在 0~65535 之间编号。

TCP 端口就是使用 TCP 进行传输时使用的端口地址，需要在客户端和服务器之间建立可信任连接，这样可以提供可靠的数据传输。常见的有 FTP 服务的 21 端口、Telnet 服务的 23 端口、简单邮件传送协议(Simple Mail Transfer Protocol，SMTP)服务的 25 端口，以及 HTTP 服务的 80 端口等。可以看出，远距离、大量数据传输和传输质量难以保证的情况适合使用 TCP 传输。TCP 多用于互联网传输，因为距离远，传输质量不可控，大量数据传输出错概率大。

UDP 端口就是用户数据报协议端口，不需要在客户端和服务器之间建立连接，传输可靠性得不到保障，但是传输开销较小。常见的有 DNS 服务的 53 端口、简单网络管理协议(Simple Network Management Protocol，SNMP)服务的 161 端口等。UDP 多用于局域网内，因为网络传输质量好、不易出错，所以此时 UDP 的简单和低开销可以提高传输效率和性能。

常见服务和端口如表 2-2 所示。

表 2-2 常见服务和端口

TCP 端口	服务	说明
20	FTP-DATA	文件传输协议 - 数据
21	FTP	文件传输协议 - 控制
22	SSH	安全外壳(Secure Shell，SSH)远程登录协议
23	TELNET	Telnet 远程登录
25	SMTP	简单邮件传送协议

续表

TCP 端口	服务	说明
80	WWW	万维网(World Wide Web)服务器，即 Web 服务器
110	POP3	E-mail 邮局协议版本 3(Post Office Protocol ver 3)
53	DNS	域名系统
68	DHCP	动态主机配置协议
69	TFTP	简单文件传送协议(Trivial File Transfer Protocol)
161	SNMP	简单网络管理协议

【任务实践】

2.4　软件管理工具 yum 的使用

yum 常用命令

2.4.1　yum 简介

在 Linux 操作系统环境下有海量的软件支持。基本上，这个世界上曾经存在过的各种功能软件，只要还没过时，都可以在 Linux 操作系统下找到。为了管理海量的软件，Linux 操作系统形成了一系列的文件管理方法。

把相关功能的文件聚合成组，打包成一个软件包；把相关软件包聚合在一起，就形成了一个完整的功能软件；把相关的功能软件聚合在一起，就形成了一个功能软件集合；把很多功能软件集合都放在一起，就形成了一个软件仓库。

一个软件按照功能划分，通常会分成若干软件包，当安装一个软件包时，需要先安装它所有依赖的软件包，否则无法运行。有时软件包所依赖的软件包又会需要其他的支撑包，有时要安装的软件包运行所需要的软件包不存在，有时库文件版本不对，此时软件也无法安装运行。

很长时间以来，依赖和软件版本把 Linux 操作系统用户折磨得焦头烂额，幸好，现在有了很好的解决方案。

现代 Linux 操作系统的软件管理理念是使用一个中心仓库(Repository)来管理一部分甚至一个完整发行版(distribution)的应用程序间的相互关系，根据分析出来的软件依赖关系进行相关的升级、安装、删除等操作，减少 Linux 操作系统用户一直头痛的依赖(Dependencies)的问题。

yum 是现在 Linux 操作系统下流行的软件管理工具之一，也是 CentOS Linux 7 的默认软件包管理器。yum 可以自动化地升级、安装和移除 rpm 包，收集 rpm 包的相关信息，检查依赖性并自动提示用户解决，这就解决了系统软件管理中遇到的大问题。

yum 的常用命令如表 2-3 所示。

表 2-3　yum 的常用命令

命令选项	功能描述
yum search 关键字	能够在已启用的软件包仓库中对所有软件包的名称、描述和概述进行搜索
yum list	列出要查找的包，没有指定参数时列出所有包
yum grouplist	列出所有软件包组
yum repolist	列出所有启用的软件仓库的 ID、名称及其包含的软件包的数量
yum info 软件包	命令可查看一个或多个软件包的信息
yum provides 要查的命令	查看命令所在的软件包
yum group remove 程序组	卸载程序组
yum list installed	列出所有已安装的软件包
yum localinstall~	从硬盘安装 rpm 包并使用 yum 解决依赖问题

例如，查找 net-tools 包和查找所有包名里带 net-tools 的包，命令如下。

```
#yum search net-tools
#yum list |grep net-tools
```

例如，查找“nmap”命令所在的包，命令如下。

```
#yum provides nmap
```

例如，查看 net-tools 包的信息，命令如下。

```
#yum info net-tools
```

例如，安装 net-tools 包，命令如下。

```
#yum install net-tools
```

例如，卸载 net-tools 包，命令如下。

```
#yum remove net-tools
```

2.4.2　yum 配置

yum 可以检测软件间的依赖性。将发布的软件放到 yum 服务器，yum 通过分析这些软件的依赖关系将每个软件相关性记录成列表。当客户端有软件安装请求时，yum 客户端在 yum 服务器上下载记录列表，然后通过对比列表信息与本机已安装软件数据，明确软件的依赖关系，从而判断出哪些软件需要安装。

列表信息保存在 yum 客户端的/var/cache/yum 中，每次 yum 启动都会通过校验码与 yum 服务器同步更新列表信息。

使用 yum 需要有 yum 软件仓库(yum Repositories)，用来存放软件列表信息和软件包。yum 软件仓库可以是 HTTP 站点、FTP 站点、本地站点。

yum 软件仓库的路径格式如表 2-4 所示。

表 2-4　yum 软件仓库的路径格式

站点类型	路径格式
HTTP 站点	ftp://主机地址或域名/PATH/TO/REPO
FTP 站点	http://主机地址或域名/PATH/TO/REPO
本地站点	file:///PATH/TO/REPO(注意是 3 个“/”)

yum 的全局配置文件是/etc/yum. conf，存放对所有仓库都适用的配置信息。

通常，用户会为每一个软件仓库或者相关的几个仓库单独设置一个配置文件，名称为“＊＊＊＊. repo”，放置在/etc/yum. repos. d/目录下。

要设置仓库文件，需要指定几项关键属性，如表 2-5 所示。

表 2-5　仓库文件的关键属性

属性名	功能描述
[base]	用于区别各个不同的中心仓库，唯一性
name=	对中心仓库的描述
mirrorlist=	指定一个镜像服务器的地址列表
enabled=1	表示这个配置文件中定义的源是启用的，0 为禁用
gpgcheck=1	启用 gpg 的校验，确定 rpm 包的来源安全和完整性，0 为禁止
gpgkey=文件	定义用于校验的 gpg 密钥
cost=	cost 为开销，默认是 1000，开销越大，使用优先级越低

使用“cat”命令查看已有的仓库文件，命令如下。

```
#cat CentOS-Base.repo
```

仓库文件的格式如图 2-11 所示。

2.4.3　使用光盘作为本地库

用户使用 yum 管理自己的软件系统，CentOS Linux 7 安装好后，如果使用原始仓库，因为仓库在国外，速度会比较慢，所以通常需要添加国内 yum 仓库，也可以直接使用安装盘建立本地仓库。

```
[base]
name=CentOS-$releasever - Base
mirrorlist=http://mirrorlist.centos.org/?release=$relea
#baseurl=http://mirror.centos.org/centos/$releasever/os
gpgcheck=1
gpgkey=file:///etc/pki/rpm-gpg/RPM-GPG-KEY-CentOS-7
```

yum 配置软件包

图 2-11　仓库文件的格式

为了方便安装软件，可以用安装光盘来建立本地仓库。建立本地仓库的原因有二：一是本地安装远远快于网络安装，二是解决软件包安装时的依赖问题。

首先，需要把光盘挂载至某目录下，或者把光盘文件复制到磁盘某目录下。

接下来修改配置，添加新仓库的定义文件，在文件中使用“file:///path/to/mount”指明访问路径即可。新仓库配置完成后，检查是否配置成功。如果成功，就可以通过安装一个软件包来测试新的软件仓库是否正常工作了。

(1)挂载光盘。

把光驱挂载到指定目录，如果目录不存在，可以使用“mkdir”命令创建。光盘必须已经插入光驱，如果是在虚拟机里，则 ISO 文件应该已经挂载到虚拟光驱中了。具体命令如下。

```
#mkdir /mnt/localiso
#mount -r /dev/cdrom /mnt/localiso/
#ls /mnt/localiso
```

这样，配置每次重新启动都要重新挂载，建议在“/etc/fstab”文件中添加一行挂载内容，这样，每次启动，系统会自动挂载光盘。或者把光盘复制到硬盘上也可以。

(2)定义仓库。

yum 的总配置文件是“/etc/yum. conf”，可以新建一个配置文件放在“/etc/yum. repos. d/”目录下，此目录下的仓库定义会自动识别加载。具体命令如下。

```
#cd /etc/yum.repos.d/
#vim /etc/yum.repos.d/centos7-ISO.repo
```

把以下内容输入文件。

```
[centos7-ISO]
name=centos-local-iso
baseurl=file:///mnt/localiso
enabled=1
gpgcheck=0
cost=100
```

其中，[centos7-ISO]是仓库的名称，要保证唯一；name 用于设置描述信息；baseurl 用于设定仓库存放的位置；enable 设置为 1，表示启用此 repo 仓库；gpgcheck 设置为 0，表示不进行 gpg 校验；cost 设置为 100，这样可以优先使用此仓库。

(3)查看可用 repository，检查是否配置成功。

执行以下命令查看配置好已启用的仓库，结果如图 2-12 所示。

```
#yum repolist enabled
```

图 2-12　查看已启用的 repo 仓库结果

由图 2-12 可以看到，Centos7-ISO 名称前面有感叹号，说明 centos7-ISO 仓库启用成功。

(4)使用“yum”命令测试软件安装。

执行以下命令。

```
#yum list
#yum install net-tools
```

如果软件包能快速安装成功，那么本地 yum 就可以使用了。

任务 2　配置 DNS 服务器和 DHCP 服务器

在本任务中，我们要关注 3 个问题：DNS 服务器和 DHCP 服务器是什么？为什么要使用 DNS 服务器和 DHCP 服务器？怎样配置和管理 DNS 服务器和 DHCP 服务器？

【知识储备】

2.5　DNS 服务器和 DHCP 服务器

DHCP 服务和 DNS 服务都是网络的基础服务，掌握了这些服务，就可以解决对应的具体问题。灵活使用掌握的技术，可以高效地完成管理任务。

2.5.1　IP 地址和子网掩码

IP 地址是 32 位二进制数，通常以十进制数表示，并以“.”分隔。IP 地址的点分十进制表示法如图 2-13 所示。IP 地址是一种逻辑地址，用来标识网络中的一个个主机，IP 地址有唯一性，即每台机器的 IP 地址在全世界是唯一的。

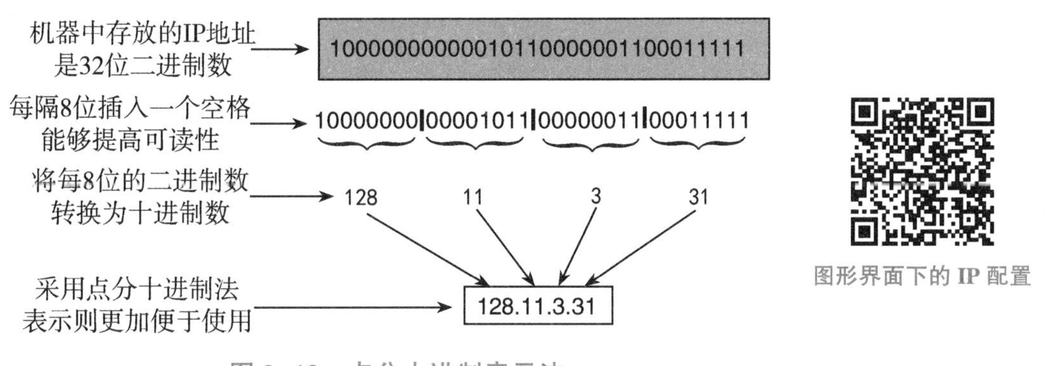

图 2-13　点分十进制表示法

互联网是由许多小型网络构成的，每个网络上都有许多主机，这样便构成了一个有层次的结构。IP 地址在设计时就考虑到地址分配的层次特点，将每个 IP 地址都分割成网络地址和主机地址两部分，以便于 IP 地址的寻址操作。

IP 地址的网络地址和主机地址各是多少位呢？如果不指定，就不知道哪些位是网络地址、哪些是主机地址，这就需要通过子网掩码来实现。

什么是子网掩码？子网掩码不能单独存在，它必须结合 IP 地址一起使用。子网掩码只有一个作用，就是将某个 IP 地址划分成网络地址和主机地址两部分。子网掩码的设置必须遵循一定的规则。与 IP 地址相对应，网络位用二进制数字 1 表示；主机位用二进制数字 0 表示。IP 地址和子网掩码如图 2-14 所示。

类型	字节一	字节二	字节三	字节四
子网掩码	11111111	11111111	11111111	00000000
IP 地址	11000000	10101000	00000001	00000001
点分十进制	192	168	1	1
地址划分	网络地址			主机地址

图 2-14　IP 地址和子网掩码

书写 IP 地址设置信息时，我们通常将 IP 地址和子网掩码一起书写。

例如，192. 168. 125. 1/255. 255. 255. 0 或者 192. 168. 125. 1/24。

这两种写法意思是一样的，“/”前面是 IP 地址，第一种写法“/”后面的 255. 255. 255. 0 转成二进制，255 就是二进制的 11111111（8 个 1），3 个 255 就意味着前面 8×3=24 位都是 1，而子网掩码位为 1 表示 IP 地址的对应位是网络地址位，剩下的 32−24=8 位就是主机地址了；第二种写法看起来比较友好，“24”表示前 24 位是网络地址，后面的是主机地址。

2. 5. 2　默认网关

网关是一个网络通向其他网络的出口地址。两个网络即使连接在同一台交换机上，也不能直接通信，必须通过网关转发。

有了 IP 地址和子网掩码，就可以计算出网络地址。例如 192.168.125.1/24，前面三个字节段是网络地址位，把主机地址位全置为 0 后，得到网络地址 192.168.125.0/24，这就是用户需要的网络地址。

当 A 主机向 B 主机发送信息时，A 主机会计算自己的网络地址和对方的网络地址是否相同。如果网络地址相同，那么就直接发送；如果网络地址不同，那么就发送到网关，由网关通过路由机制转发到目的主机。默认网关如图 2-15 所示。因此，只有设置好网关的 IP 地址，才能实现不同网络之间的相互通信。

如图 2-15 所示，路由器 RouterA 是整个局域网连接互联网的出口，任何一台计算机要上网，都首先需要经过 RouterA，所以，RouterA 就是整个局域网的网关，RouterA 的 IP 地址就是整个局域网的网关地址。

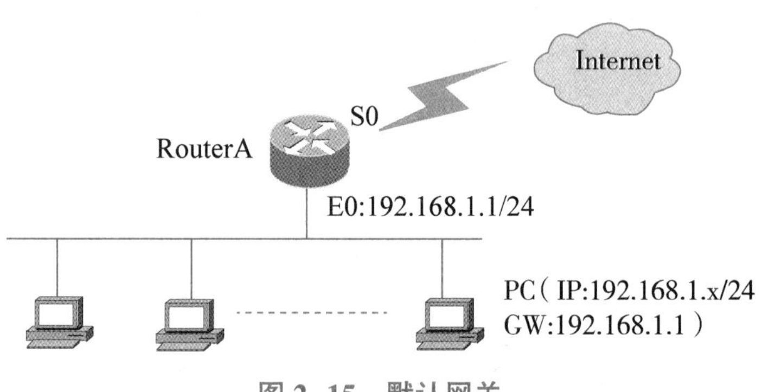

图 2-15　默认网关

如果出口只有一个，那么它肯定就是默认网关。有时一个网络有可能不止一个网络出口，比如移动和联通两条线路同时接入。这种情况下，当主机发送数据时，如果系统设置中没有明确指定发送去哪里，那么就会把数据包发给用户设置为默认的网关，由这个网关来处理数据包。例如所属网络有中国移动 ISP 接入和中国联通 ISP 接入两个出口，网络管理员可能设置一部分信息从移动出口转发，另一部分信息从联通出口转发，至于没说明的部分，就发送给设置的默认网关来转发。

2.5.3　DHCP 服务

DHCP 是传输控制协议/互联网协议(Transmission Control Protocol/Internet Protocol，TCP/IP)中的一种，主要是用来给网络客户端分配动态的 IP 地址。这些被分配的 IP 地址是 DHCP 服务器预先配置好的一个由多个地址组成的地址集，并且一般是一段连续的地址。

使用 DHCP 时，必须在网络上有一台 DHCP 服务器，而其他机器作为 DHCP 客户端从服务器获得 IP 地址信息。当 DHCP 客户端程序发出一个信息，要求一个动态的 IP 地址时，DHCP 服务器会根据目前已经配置的地址，提供一个可供使用的 IP 地址设置信息给客户端。通常这些信息包括 IP 地址、子网掩码、默认网关、本地 DNS 服务器地址等。

DHCP 使服务器能够动态地为网络中的其他服务器提供 IP 地址，通过使用 DHCP，就可以不再给网络中除服务器外的任何服务器设置和维护静态 IP 地址，从而大大简化了配置客户端的 TCP/IP 的管理维护工作，尤其是当某些 TCP/IP 参数改变时，如网络的大规模重建而引起的 IP 地址和子网掩码的更改。

DHCP 服务的基本思路就是为了排除手动配置可能出现的差错，由服务器自动进行 IP 地址和其他网络配置信息的分配。每一个客户端启动时，都需要向网络中发出 DHCP Discovery 广播来寻找 DHCP 服务器；DHCP 服务器收到信息后，会从自己的地址池中取出一个可用的 IP 地址回送给客户端，这就是 DHCP Offer 信息；客户端收到 IP 地址后，向 DHCP 服务器提交申请 DHCP Request，要求获得这个 IP 地址的使用权；DHCP 服务器审核请求，把 IP 地址等信息送给客户端，这就是 DHCP ACK 信息。整个 DHCP 的工作过程如图 2-16 所示。

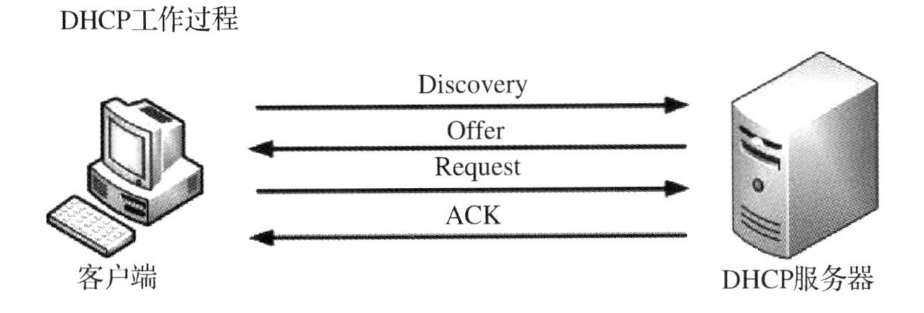

图 2-16　DHCP 的工作过程

这一过程看起来好像挺乱的，实际上就好像你去小卖店。

你喊一声：有人在吗？　　　　　　　　<-------> DHCP Discovery

店主出来说：你看这个东西不错，要不？ <-------> DHCP Offer

你看看说：挺好，就它吧！给你钱。　　<-------> DHCP Request

店主说：刚刚好，给你。　　　　　　　<-------> DHCP ACK

要注意的是，你得到的不是 IP 地址等的终身使用权，而是一个租约。在租约到期前，你要续租，否则一旦租约到期，你就不能使用这个 IP 地址了。客户端会在到期前自动续租：租约更新成功了，继续使用；如果失败了，会过一段时间自动申请；如果直到租期到了还没续租成功，就只能放弃使用这个 IP 地址了。

DHCP 基本上是必备的基础服务，可以大大简化配置客户端 IP 地址设置的工作量，并减少 IP 地址冲突的可能性。此外，如果网络配置需要大范围的修改，也不需要逐一修改主机，只需要重新配置服务器即可。

2.5.4　DNS 服务

DNS 服务的作用是域名解析，可以把域名解析成 IP 地址，也可以反向解析。这样，用户访问网站时可以不需要输入难记的 IP 地址，只需要记忆和使用有意义的域名。

域名和 IP 地址类似于人的名字和身份证号。每个人都有身份证号，也有名字。我们会用身份证号来称呼记忆别人吗？是不是使用名字更适合我们呢？

使用 DHCP 服务器，是为了让主机向所在网络的 DHCP 服务器申请从指定的 IP 地址范围内自动获取 IP 地址设置。而使用 DNS 服务器，是为了能够更友好地访问主机。

互联网是由许许多多局域网互联而成的世界范围的网络。这些网络属于不同的公司或者其他组织部门，由各组织部门自行管理。各组织部门向互联网管理机构申请 IP 地址和域名后，配置 DHCP 服务器或者手动来分配 IP 地址，配置 DNS 服务器为每台服务器甚至普通主机进行域名解析。

IP 地址有 32 位，理论上说，可以提供 2^{32}（约 43 亿）个 IP 地址。如果每个主机都有个名字，那么也就有几十亿的名字要管理，想起来就觉得好累，是不是？

域名的划分类似于行政区域划分。中国有十几亿人，那么按照地域，分成若干个省级单位；每个省级单位下面再分成若干个地区；每个地区下面再分成县。按照这样的模式，由最底层的部门，如居民委员会，来具体管理所在区域的人口，其他各级分别管理自己直属的下级并接受上级的管理，最高级由中央政府总管全局。

互联网并不按照国家地区来管理网络，但是也采用类似的管理思路。如图 2-17 所示，最上层称为根域，是大总管，就像中央政府；下面分为若干分支，称为顶级域；各域下面再进行细分。每一级也是逐层管理的关系。

当你邮寄信件填写地址时，你会写类似“××省××市××县××街××号××收”这样的地址。在互联网中，地址也是这样的，不过要倒过来写。

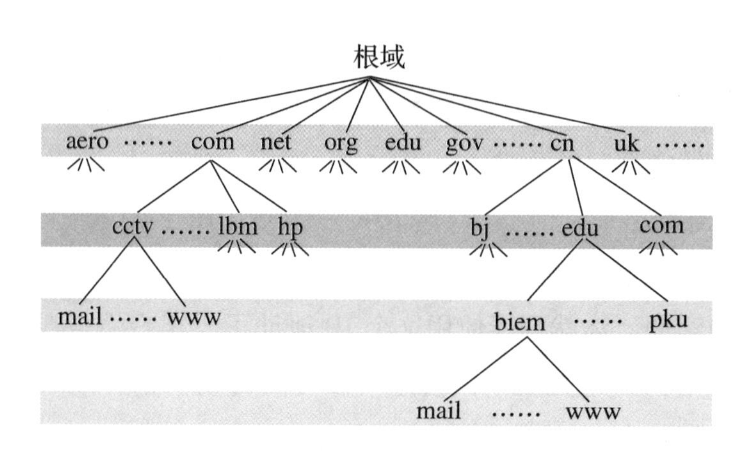

图 2-17　DNS 域名空间

例如北京经济管理职业学院，隶属 cn（中国）顶级域下面的 edu（教育类别）域，自己名称的缩写是 biem，所以域名就是“biem. edu. cn. ”。最后那个点后面空着，表示根域。因为根域逻辑上只有一个，所以通常书写时可以省略掉，域名就是“biem. edu. cn”。如果学校有一台主机名称为 www，那么这个主机的完整域名就是“www. biem. edu. cn”。

按照这样的规划，根域域名服务器负责管理所有顶级域（如 cn 等）的查询，顶级域负责管理所属下一级域（如 edu. cn）的查询，edu. cn 域负责管理所属下一级域（如 biem. edu. cn）的查询，而 biem. edu. cn 内部的主机就由北京经济管理职业学院自己的 DNS 服务器来负责，如图 2-18所示。

管理　　　管理　　　管理

根域 <== cn 域 <== edu. cn 域 <== biem. edu. cn 域

图 2-18　域名规划

例如学校里有一台主机名称叫 www，则域名 www. biem. edu. cn 通常就由 biem. edu. cn 域的 DNS 服务器来负责解析。

现在换个角度，当要访问一个域名时，比如 www. sina. com. cn，DNS 是如何工作的呢?

用户自己的主机或者说网络也会属于一个域。在网络设置中，用户会指定至少一个 DNS 服务器，通常是自身所在域的 DNS 服务器，称为本地 DNS 服务器。这样的服务器离用户近，速度快。有时，用户会想换其他的 DNS 服务器，那样，解析速度会比较慢。

配置好 DNS 服务器后，当主机需要解析域名时，就会向指定的 DNS 服务器提交域名的解析请求，由它来为用户解析成 IP 地址。

DNS 服务器接收请求后，首先会检查目标是否归属自己负责的区域：如果是本区域的目标，就把结果送给客户端；如果不是本区域的目标，会查找本地缓存中先前的解析记录，如果有对应记录，就把结果返回；如果还没有，就要去找负责该域名解析的那个 DNS 服务器。

怎么找呢？所有的域名服务器都存放着根域的地址，它会先询问根域服务器，从根域那里查找到对应顶级域服务器的 IP 地址，然后依次向下查询，直到找到目标域的 DNS 服务器，再向它查询，最后把结果返回给客户端，完成任务。

客户端得到目标 IP 地址，就可以使用 IP 地址来访问目标主机了。

DNS 解析过程可以参考图 2-19 中的例子。

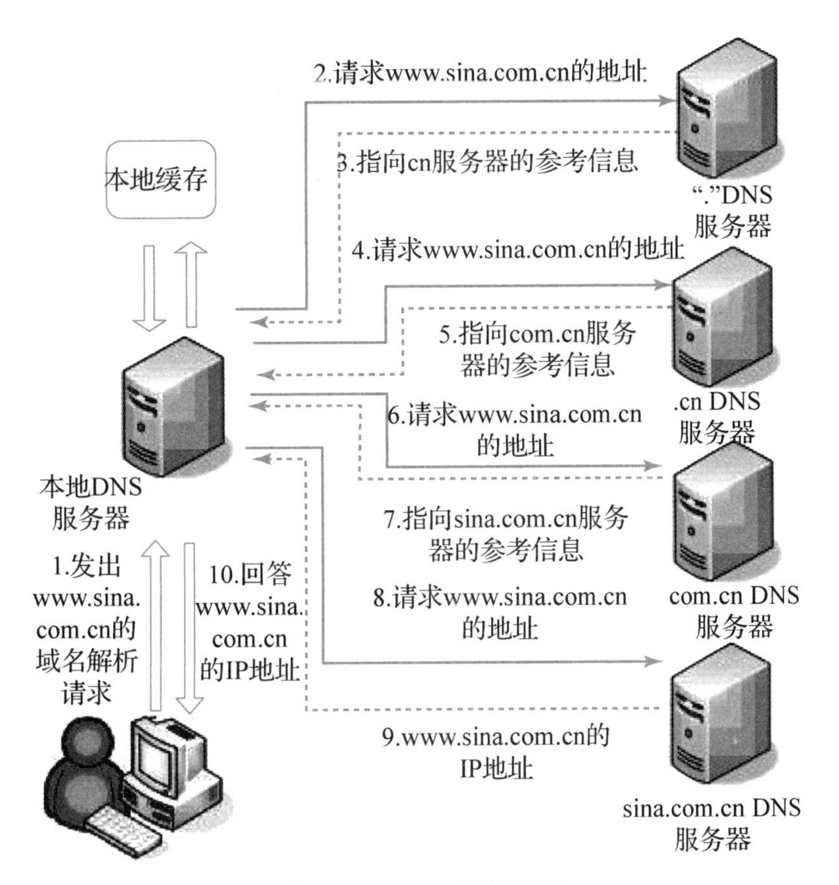

图 2-19　DNS 解析过程

IP 地址是互联网的核心地址，而域名是为了让用户更友好地使用网络提供的一种便捷服务。用户很少会记忆对人类来说不算友好的服务器的 IP 地址，这也是 DNS 服务如此普遍的原因。

DNS 服务器分为 Master（主 DNS 服务器）、Slave（辅助 DNS 服务器）、Cache-only（缓存 DNS 服务器）3 种。

Master 类型的 DNS 服务器要负责对所属区域进行解析，所以本身含有存放所属区域主机信息的区域文件（zone file），当接收到查询请求时，对所属区域记录进行解析。

Slave 类型的服务器是 Master 类型服务器的镜像，其区域文件的内容与主 DNS 服务器的信息完全一致。配置辅助 DNS 服务器的目的是防止主服务器发生故障，导致 DNS 服务不可用。一般来说，可靠的网络至少要有两部主机提供 DNS 服务。

Cache-only 类型的 DNS 服务器没有自己的区域文件，其功能仅仅是将查询请求转发给其他的 DNS 服务器进行查询，并将得到的结果反馈给请求计算机，同时在本地缓存中存放一份，以备后用。有一个用户查询过后，再次查询时，就可以从缓存服务器直接解析，会大大提升解析的速度。

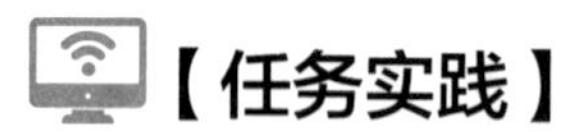

2.6 DHCP 服务器的配置

2.6.1 任务描述

使用 192.168.125.0/255.255.255.0 网段来配置公司网络，网络规划方案如表 2-6 所示。

表 2-6 网络规划方案

部门分类	IP 地址范围	备注
服务器组	192.168.125.1 ~ 192.168.125.9	当前 3 台服务器（静态 IP 地址）
员工主机组	192.168.125.10 ~ 192.168.125.200	当前 40 台主机（DHCP）
管理与特殊组	192.168.125.201 ~ 192.168.125.253	网络管理使用或其他应用
默认网关：192.168.125.254；DNS 服务器 IP 地址：114.114.114.114		

请配置 DHCP 服务，用于公司的 IP 地址自动分配和管理。

2.6.2 任务分析

DHCP 服务用来为网络中的主机进行 IP 地址的自动分配。要连接网络进行网络通信，每台计算机就必须有正确的 IP 地址设置。

通常，IP 地址规划在网络建设前就设定好了，每一台主机都有预设的配置，这些配置通常包括 IP 地址/子网掩码、默认网关、DNS 服务器的 IP 地址等。

普通用户很可能并不能正确理解这些设置的具体作用，如果用户配置出错，出现网络故障，就要网络管理员去处理。用户数多了之后，这些故障会花费网络管理员很多时间。事实上，对于网络管理人员来说，重复性手动处理在一定程度上都是不称职的表现。

配置 DHCP 服务，会大大减轻 IP 地址管理的工作量。此时，网络管理员不需要为每一台主机手动配置网络，也不需要对出错的网络进行修正，更不需要对每个用户进行知识科普和培训，唯一要做的就是安装并配置好一个 DHCP 服务器。

在本任务中，使用的网段 192.168.125.0/24 共包含 192.168.125.1~192.168.125.254 共 254 个可分配 IP 地址。192.168.125.0 作为网络标识，192.168.125.255 作为广播地址，是网络的默认约定，不参与主机 IP 地址分配。当前有 3 台服务器，IP 地址分别分配为 192.168.125.1、192.168.125.2、192.168.125.3，后面 6 个保留给未来使用；当前主机数 40 台，考虑到未来还可能增加，所以也要进行合理的预留，这里把 192.168.125.10~192.168.125.200 共 191 个 IP 地址分配给此部分，足够满足可预计的未来需求；192.168.125.201~192.168.125.253 留给网络管理员分配使用；192.168.125.254 分配给网关使用。

你也可以自己按照企业需求灵活规划，再按照规划来布置和实施。

2.6.3 配置步骤

 注意：

DHCP 配置文件是/etc/dhcp/dhcpd.conf。

全局配置包含授权、租约设置等。

DHCP 配置要设置地址范围、子网掩码、默认网关、DNS 服务器等。

保留地址配置需要获得对方主机网卡的 MAC 地址。

DHCP 服务的作用是自动分配 IP 地址设置，具体来说，包括 IP 地址、子网掩码、默认网关、DNS 服务器地址等信息。要正确分配，首先需要设置好这些内容。

配置之前，需要检查服务器的 IP 地址。通常，服务器都要配置为静态 IP 地址。另外，一个 DHCP 服务器可以同时进行多个网段的 IP 地址分配，具体分配哪个网段，要看接受的请求来自哪个网卡，它的网络地址是什么，服务器才能分配对应网段的 IP 地址。如果地址池里没有对应的网段，DHCP 服务器就无法正常工作。所以，设置静态 IP 地址，而且配置的网段应该和网卡的 IP 地址在一个网段。

配置前要考虑的另一个问题是网络地址的规划。要按照规划来进行配置，不要随意更改，以免造成混乱。

还有一个要做的准备工作，就是关闭 VMware 软件本身自带的 DHCP 服务，以免对实验结果造成影响。

在服务列表中找到 VMware DHCP Service 服务，把它关闭。

1. 安装 DHCP 服务

检查 DHCP 服务是否已经安装，使用“yum info dhcp”命令，如图 2-20 所示。如果尚未安装，使用“yum install dhcp”命令安装 DHCP 服务器软件，命令如下。

```
#yum info dhcp
#yum install dhcp
```

安装完成后，就可以开始配置 DHCP 服务了。

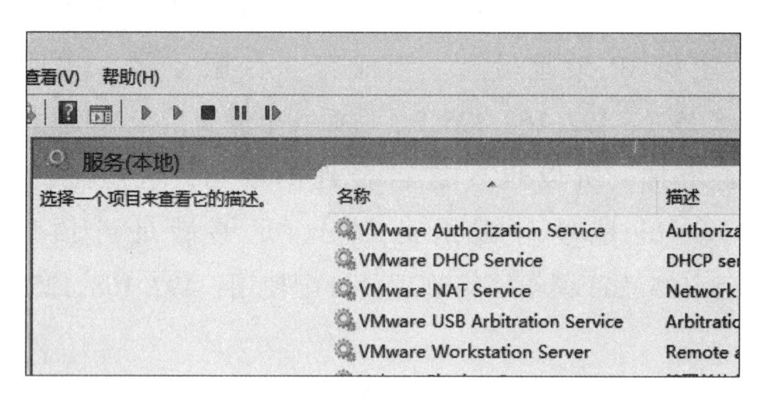

图 2-20　服务列表中的 VMware DHCP Service

快速配置 DHCP 服务器

2. 配置之前要做的工作

DHCP 服务的配置文件是/etc/dhcp/dhcpd. conf。安装好 DHCP 软件后，就需要通过设置配置文件 dhcpd. conf 来进行 IP 地址管理。

(1)查看一下文件的初始内容，如图 2-21 所示。

```
#cat /etc/dhcp/dhcpd.conf
```

```
[root@localhost ~]# cat /etc/dhcp/dhcpd.conf
#
# DHCP Server Configuration file.
#   see /usr/share/doc/dhcp*/dhcpd.conf.example
#   see dhcpd.conf(5) man page
```

图 2-21　DHCP 的初始配置文件

可以看出，刚安装时，配置文件内没有配置内容，只有提示信息，告诉用户要配置 DHCP 服务器，可以查看范例文件 dhcpd. conf. example 或者执行“man 5 dhcpd. conf”命令查看帮助文档。

(2)复制配置模板文件。

建议执行下面的命令，把样例文件复制过来，覆盖空配置文件。

```
#cp /usr/share/doc/dhcp* /dhcpd.conf.example /etc/dhcp/dhcpd.conf
```

把范例文件复制过来后，再进行修改。当然，也可以直接在源文件上输入配置内容。

(3)备份原始的配置文件。

在开始配置前，要备份原来的配置文件。这样，当系统因为新配置出问题时，可以恢复成原来的状态，这是很重要的一步。备份文件的位置，一般是配置文件的原目录，使用“cp”命令复制一份，取名通常是在源文件名称后加个后缀，以见名知意。例如，取名为 dhcpd. conf. 1 或者 dhcpd. conf. bak。对于服务器来说，服务的配置文件非常重要，配置完成后，一般也需要复制到管理计算机上进行保存，当系统出现重大故障时，用以复原服务配置。命令如下。

```
#cd /etc/dhcp/
#cp dhcpd.conf dhcpd.conf.bak
```

3. 进行 DHCP 配置

执行以下命令编辑配置文件/etc/dhcp/dhcpd. conf。

```
#vi /etc/dhcp/dhcpd.conf
```

(1)设置全局配置项。

```
authoritative;
default-lease-time 7200;
max-lease-time 72000;
option domain-name "test1.com";
option domain-name-servers 114.114.114.114;
```

说明：

authoritative 用来说明本 DHCP 服务器是所服务网络的官方(合法授权)DHCP 服务器。

default-lease-time 用于设置默认租约有效期，以秒为单位。如果客户端在请求 IP 地址时并未要求租约有效期，DHCP 服务器就会将租约有效期设置为这个值。比如设置为 2 小时，换算成秒就是 2×60×60=7200(秒)。

max-lease-time 用于设置客户端可请求的最大租约有效期，单位为秒。

option domain-name 用于设置域名。

option domain-name-servers 用于设置 DNS 服务器。

上面的配置项设置了合法授权，默认租约时间为 2 小时，最大租约时间为 20 小时，当前所属域是 test1. com，DNS 服务器设置为 114. 114. 114. 114。

(2)配置地址池。

```
subnet 192.168.125.0 netmask 255.255.255.0{
  range 192.168.125.10 192.168.125.200;
  option routers 192.168.125.254;
}
```

> 说明：
>
> subnet 语句指定子网和子网掩码。
>
> range 语句指定可动态分配的 IP 地址范围。
>
> option routers 语句指定网关地址。

上面的配置对在地址池里加入的一个网段(subnet，子网的意思)的 IP 地址进行分配，此网段的网络地址是 192.168.125.0，子网掩码是 255.255.255.0(等价于“/24”)。也就是说，前面 24 位是网络地址标识，后面剩下的 8(32-24)位是主机地址标识。这样的网段最多可以包含 256 个 IP 地址(8 位二进制数最多有 $2^8=256$ 个)，其中，192.168.125.0 作为网络地址，192.168.125.255 作为广播地址，不分配给主机使用，最多可以分配给 254 台主机使用。

接下来设置地址范围和功能选项，因为 192.168.125.0 和 192.168.125.255 已有用途，真正能用的 IP 地址是 192.168.125.1~192.168.125.254。在实际场合，规划 IP 地址时，一些地址会固定分配给某些主机，不参与 DHCP 的分配和管理。例子里，192.168.125.10 之前的地址分配给服务器使用，192.168.125.200 以后的 IP 分配给特殊用户。当然，实际上没有这么多服务器，这是做预留。真正用来分配使用的是 192.168.125.10~192.168.125.200 共 191 个 IP 地址。再通过 option routers 来指定网关地址，这样当用户申请时，网络配置四要素就齐备了。

例如某一台用户计算机向 DHCP 服务器提出申请，最终会得到表 2-7 所示的设置。

主机申请得到 IP 地址设置后，会按照指定信息配置本地网络，然后就可以正常使用网络功能了。

表 2-7　从 DHCP 服务器获得的 IP 地址设置信息

设置项	IP 地址	说明
IP 地址	192.168.125.10	从地址池里取出第一个未使用的 IP 地址
子网掩码	255.255.255.0	subnet 语句中的 netmask 指定的掩码
默认网关	192.168.125.1	option routers 语句设置
DNS 服务器	114.114.114.114	全局配置中的 domain-name-servers 语句设定

(3)设置排除地址。

在刚才的例子中，已经排除了 IP 地址 192.168.125.1~192.168.125.9 和 192.168.125.201~192.168.125.254 没有分配，剩下待分配的 IP 地址段是连续的。如果规划中待分配地址段不连续，应该如何处理呢？

假如把要排除的服务器 IP 地址段从 192.168.125.1 ~ 192.168.125.9 改设成 192.168.125.100~192.168.125.109，那么 range 语句应该如何调整呢？此时，把原来的设定语句修改成两段(192.168.125.1~192.168.125.99，192.168.125.110~192.168.125.200)就可

以了，命令如下。

```
#range 192.168.125.10 192.168.125.200;
range 192.168.125.1 192.168.125.99;
range 192.168.125.110 192.168.125.200;
```

网络IP地址方案在网络规划阶段就制定完成了，按照方案实施配置即可。在制作地址方案时，会为未来的可能改变预留出一些区段，这些预留IP可以根据需要灵活使用。

(4)为一些用户设置保留地址。

在管理网络时，总有些人是特殊的，例如，工作性质需要特殊权限的同事、老总和上级等。

如果使用前面的自由分配方法，我们并不知道这些用户会得到哪一个IP地址。不能识别用户的IP地址所对应的身份，就不能根据IP地址给予专门的对待，不能给特权用户想要的特权。

IP地址对于主机，就像身份证和个人的关系一样，是最根本、最重要的标识。对特殊用户，可以让他们每次申请时得到固定不变的IP，这样就可以有针对性地进行管理了。

要进行这样的设置，需要获得对方主机网卡的MAC地址。在对方计算机上执行以下命令把网卡的MAC地址记下来。

```
#ifconfig
```

如果是Windows操作系统，执行“ipconfig”命令。

如果需要给某些用户限制，在日志文件或者网络工具里可以直接提取对方的MAC地址。如果对方已获得一个IP地址，可以执行以下命令获得对方MAC地址。

```
#ping 对方 IP
#arp -a
```

得到对方主机的MAC地址后，在配置文件上添加如下设置。

```
host pc1{
  hardware ethernet 00:50:79:66:11:01;
  fixed-address 192.168.125.100;
}
```

说明：

使用host语句可以给指定MAC地址的主机分配固定的IP地址，host后面接的名称pc1是可以自由设置的，只要该名称在本配置文件中是唯一的即可。

hardware ethernet 用于设置要分配IP地址的计算机网卡的MAC地址。

fixed-address 用于设置要分配给这台计算机的IP地址。

MAC 地址是网络设备生产商生产设备时存放在硬件中的标识，是全球唯一的地址，可以用来标识计算机。MAC 地址共 48 位二进制数，为了表示方便，转换成 16 进制数(每 4 位二进制数可以转换成 1 位 16 进制数)来表示，共 48/4=12 位。

本例中为物理地址是00:50:79:66:11:01的计算机设定固定 IP 地址 192.168.125.100。这样，当这台主机申请 IP 时，可以保证每次都能获得这个固定的 IP 地址。设置固定 IP 地址后，即使这台计算机没有申请，此固定 IP 地址也不会分配给其他计算机。

4. 启动 dhcpd 服务

使用“systemctl start”命令启动 dhcpd 服务，使用“systemctl status”命令查看服务状态，命令如下。

```
#systemctl start dhcpd.service
#systemctl status dhcpd.service
```

如果服务已经启动，那么使用“systemctl restart”命令重新启动服务器，命令如下。

```
#systemctl restart dhcpd.service
```

如果服务未成功启动，可以查看日志文件/var/log/messages 的内容，命令如下。

```
#cat /var/log/messages |grep dhcp
```

命令中，“|”表示管道，此命令的意思是把“cat”命令的显示结果通过管道发送给“grep”命令作为输入。grep dhcp 会从输出信息中把接收到的消息中包含 dhcp 的行筛选显示出来，别的无关内容就不显示了，这样看起来会重点突出。

默认 DHCP 的日志都会记录在/var/log/messages 文件中。如果要查看已分配的 IP 地址，可以查看文件/var/lib/dhcpd/dhcpd.leases(DHCP 租约)，里面会记录分配的 IP 地址，命令如下。

```
#cat /var/lib/dhcpd/dhcpd.leases
```

要了解配置文件更详细的配置信息，可查看 man 文档，命令如下。

```
#man 5 dhcpd.conf
#man 5 dhcp-options
```

5. 设置 DHCP 服务开机启动

要设置 dhcpd 服务开机启动，使用以下命令。

```
#systemctl enable dhcpd.service
```

如果要检查服务是否的确已设置为开机启动，可使用以下命令。

```
#systemctl list-unit-files
```

如果要取消服务开机启动，可使用以下命令。

```
#systemctl disable dhcpd.service
```

6. 检查测试

在另一台虚拟机上配置 DHCP 客户端，把 IP 地址设置成动态获取。之后执行“ifconfig”命令(Linux 操作系统)或者“ipconfig”命令(Windows 操作系统)查看是否申请到了正确的 IP 地址设置。

```
#ifconfig
```

7. 查看 DHCP 租约信息

用户租用到 IP 地址后，查看日志中的 DHCP 记录，命令如下。

```
#tail /var/log/messages
```

查看 DHCP 租约记录，命令如下，结果如图 2-22 所示。

```
#tail /var/lib/dhcpd/dhcpd/leases
```

```
# The format of this file is documented
# This lease file was written by isc-dhc

lease 192.168.125.129 {
  starts 1 2017/03/27 11:58:48;
  ends 1 2017/03/27 12:08:48;
  tstp 1 2017/03/27 12:08:48;
  cltt 1 2017/03/27 11:58:48;
  binding state free;
  hardware ethernet 00:0c:29:f9:35:e1;
}
```

图 2-22　查看 DHCP 租约信息结果

注意：

如果客户机得到的 IP 地址不是希望得到的 IP 设置，说明网络中有其他 DHCP 服务器正在工作。此时，可以查看宿主计算机的服务设置，找到类似包含“dhcp”的服务，把它关掉再重新获取。VMware 虚拟机软件默认会启动 DHCP 服务，如果无法获得希望得到的 IP 设置，通常是因为此服务未关闭。

2.7 DNS 服务器的配置

2.7.1 任务描述

按照公司的网络规划设计，要在公司内部的一个服务器上安装 DNS 服务。此 DNS 服务器除了负责本公司内部的名称解析任务外，还要对公司用户对外界的域名解析请求进行代理和缓存。

公司部分配置信息如表 2-8 所示。

表 2-8 公司部分配置信息

IP 地址	主机名称	说明
192. 168. 125. 1	ns. biem. local www. biem. local ftp. biem. local mail. biem. local	ns. biem. local 为 biem. local 域的主 DNS 服务器，其他的 3 个名称为主机别名
202. 99. 166. 4		查询转发给此外部 DNS 服务器
192. 168. 125. 20	win1. biem. local	某台 Windows 主机的 IP 地址与主机名
192. 168. 125. 25	linux1. biem. local	某台 Linux 主机的 IP 地址与主机名

2.7.2 任务分析

当 DNS 服务器接收到解析请求时，首先判断请求目标是否是本地域的信息请求。如果是，就直接进行解析；如果不是，接下来会查看本地缓存里是否有请求查询的目标。如果有，说明先前完成过类似查询，就可以把先前的查询结果直接返回用户完成任务；如果没有，那么接下来对外查询。如果设置了转发服务器，会把请求转发给目标服务器进行查询；如果没有设置转发服务器，那么就联系根域服务器进行迭代查询。

因此，DNS 服务器的查询顺序是：本地区域查询 → 缓存查询 → 对外查询(转发服务器或者递归)。

本任务中，DNS 服务器要承担 biem. local 本地域的查询，对于对外界的查询，会转发给外部 DNS 服务器，请求代为解析。解析结果会返回用户并保存在缓存中。所以，DNS 服务器要完成以下 3 项配置：

(1)配置本地域 biem. local。

(2)配置转发服务器选项。

(3)缓存默认开启，不需进一步配置。

2.7.3 配置步骤

DNS 服务由 BIND 软件提供，启动后服务名为 named，主要配置文件为/etc/named. conf。出于安全考虑，BIND 采用 chroot 机制，服务名为 named-chroot，根目录已经被变更到/var/named/chroot。

chroot 技术俗称“监牢”，是指通过 chroot 机制来更改某个进程所能看到的根目录，即将某进程限制在指定目录中，保证该进程只能对该目录及其子目录的文件进行操作，从而保证整个服务器的安全。

DNS 服务器向海量用户提供域名解析服务，知名度高，必然会成为攻击的常见目标。要提供友好的开放服务，意味着降低了自身的安全防御能力。使用 chroot 技术之后，攻击者通过 DNS 侵入服务器后只能看到 chroot 内部的文件，服务器的其他部分对攻击者来说不可见、不存在，这样就保证了服务器自身的安全。

使用 chroot 技术后，DNS 服务器的主要配置文件如下。

- /var/named/chroot/etc/named. conf 文件，DNS 主配置文件，主要规范主机的设置、域文件(zone file)的名称、权限的设置等。
- /var/named/chroot/etc/sysconfig/named 文件，存放附加的一些参数配置，如 chroot 的位置等。
- /var/named/chroot/var/named/文件，域文件(zone file)预设放置的目录。
- /var/named/chroot/var/run/named/named. pid 文件，DNS 服务进程的 pid-file。

每个域文件对应一个域的域名解析信息，在 DNS 服务器的主配置文件 named. conf 中，记录了每一个域文件的名称。

一个典型的 DNS 服务器一般包含以下域文件。

- hint（root）（默认自带）。
- localhost 正向解析（默认自带）。
- localhost 反向解析（默认自带）。

此外，还可能配置一个或多个域的正向解析域及反向解析域。

因此，主要工作任务就是在主配置文件 named. conf 中进行整体设置，并设置 biem. local 域的正向和反向解析域的域文件，然后配置相应域文件。

1. 在 chroot 环境下安装 BIND 软件

使用“yum info bind”检查 DNS 服务是否已经安装。要安装 BIND 软件，并让它运行在 chroot 环境下，只需安装 bind-chroot 软件，其他软件(包括 BIND 软件本身)也会自动进行安装，即只须执行以下命令，结果如图 2-23 所示。

```
#yum install bind-chroot
```

从图 2-23 可以看到，除了 bind-chroot 软件包外，yum 检查依赖后发现还需要安装 bind 包和 bind-libs 包。除此之外，还有两个依赖包需要更新升级。

```
================================================================================
 Package                 Arch                 Version
================================================================================
Installing:
 bind-chroot             x86_64               32:9.9.4-38.el7_3.1
Installing for dependencies:
 bind                    x86_64               32:9.9.4-38.el7_3.1
 bind-libs               x86_64               32:9.9.4-38.el7_3.1
Updating for dependencies:
 bind-libs-lite          x86_64               32:9.9.4-38.el7_3.1
 bind-license            noarch               32:9.9.4-38.el7_3.1

Transaction Summary
================================================================================
Install  1 Package  (+2 Dependent packages)
Upgrade             ( 2 Dependent packages)

Total download size: 3.7 M
Is this ok [y/d/N]: _
```

图 2-23　安装 DNS 服务器 BIND 软件结果

域名服务的名字叫 named-chroot，安装完成后，启动 named-chroot 服务，并将它设置为开机启动，命令如下。

```
#systemctl start named-chroot
#systemctl enable named-chroot
```

上述命令执行完后，如果没有出现问题，可使用以下命令来验证 named-chroot 服务的状态。

```
#systemctl status named-chroot
```

从图 2-24 中可以看到，当前 DNS 服务器的工作状态是“active(running)”，表示系统正常运行中。

```
[root@localhost ~]# systemctl status named-chroot
● named-chroot.service - Berkeley Internet Name Domain (DNS
   Loaded: loaded (/usr/lib/systemd/system/named-chroot.ser
   Active: active (running) since Sat 2017-02-11 23:23:30 C
 Main PID: 2634 (named)
   CGroup: /system.slice/named-chroot.service
           └─2634 /usr/sbin/named -u named -t /var/named/ch

Feb 11 23:23:30 localhost named[2634]: command channel lis
Feb 11 23:23:30 localhost named[2634]: command channel lis
Feb 11 23:23:30 localhost named[2634]: managed-keys-zone: 
Feb 11 23:23:30 localhost named[2634]: zone 0.in-addr.arpa/
Feb 11 23:23:30 localhost named[2634]: zone 1.0.0.127.in-ad
Feb 11 23:23:30 localhost named[2634]: zone 1.0.0.0.0.0.0.0
Feb 11 23:23:30 localhost named[2634]: zone localhost.loca
Feb 11 23:23:30 localhost named[2634]: zone localhost/IN: 
Feb 11 23:23:30 localhost named[2634]: all zones loaded
Feb 11 23:23:30 localhost named[2634]: running
Hint: Some lines were ellipsized, use -l to show in full.
[root@localhost ~]#
```

图 2-24　查看 DNS 服务器的工作状态

2. 复制配置文件并保存原配置文件

(1)复制主配置文件。

```
#cp /usr/shared/doc/bind* /sample/etc/* /var/named/chroot/etc
```

(2)复制域文件。

```
#cp -r /usr/shared/doc/bind* /sample/var/named/* /var/named/chroot/var/named
```

(3)在修改配置文件/etc/named. conf 前，先对其进行备份。

```
#cd/var/named/chroot/etc
#cp -a named.conf named.conf.bak
```

3. 配置 DNS 服务器

(1)配置主配置文件/var/named/chroot/etc/named. conf。

①配置服务监听设置。

```
#vi /var/named/chroot/etc/named.conf
```

修改以下内容。

```
options{
listen-on port 53  { any; };
allow-query  { any; };
}
```

说明：

修改 127. 0. 0. 1 为 any，接收来自任意目标的查询请求，如果只接收企业内网的查询请求，可以把内网的网络地址写在这里；allow-query 也要设置为 any；其他部分保持默认。

②配置本地正向解析域 biem. local，并指定域文件名称。

在 named. conf 文件中添加“biem. local”域设置语句，修改如下。

```
zone "biem.local" IN{
       type master;
       file "biem.local.zone";
       allow-query { any; };
};
```

说明：

“zone "biem. local" IN { }”用来进行域定义，是设置域 biem. local 的语句。

“type master;”语句指明本服务器是这个域的主 DNS 服务器，其值有 master、slave、cache-only 3 种。

“file " biem. local. zone" ; ”语句指定这个域的配置文件为/var/named/chroot/var/named/biem. local. zone。域内的解析记录信息将在此文件中设置。

“allow-query { any; } ; ”语句允许来自任意 IP 对这个域的解析请求。通常，开放的 DNS 服务器是向所有人提供服务的，但有的服务器会指定服务人群，比如只对企业内部用户提供服务，这时可以设置允许查询(allow-query)的用户范围。

③配置反向解析域 125. 168. 192. in-addr. arpa，指定域文件名称。

在 named. conf 文件中添加“125. 168. 192. in-addr. arpa”域设置语句，修改如下。

```
zone "125.168.192.in-addr.arpa" IN{
        type master;
        file "192.168.125.zone";
};
```

说明：

“zone "125. 168. 192. in-addr. arpa" IN { }”语句用来进行域定义，反向解析域名称是网络地址的反向书写。本地网络地址是 192. 168. 125. 0/24，把网络地址反过来写就是 125. 168. 192。在后面再加上反向域名后缀“. in-addr. arpa”。

“type master;”语句指明本服务器是这个域的主 DNS 服务器，其值也有 master、slave、cache-only 3 种。

“file "192. 168. 125. zone" ; ”语句指定这个域的配置文件为/var/named/chroot/var/named/192. 168. 125. zone。域内的解析记录信息将在此文件中设置。

④在该文件中设置转发服务器地址为 202. 99. 166. 4：/var/named/chroot/etc/named. conf。

```
forward first;
forwarders{
              202.99.166.4;
};
```

说明：

“forward first; ”语句设置 DNS 服务器的工作模式，在自己管理的域和缓存区查找不到解析记录时，优先向转发服务器查询，而不是尝试自己向根域 DNS 服务器进行反复查询。

“forwarders { 202. 99. 166. 4; } ;”语句设置转发服务器的地址，与上一句配合使用。

配置转发优先，当接收到查询请求时，会先转发到 forwarders 指定的 DNS 服务器，查不到再执行递归。当然，在转发之前，还会先查本地缓存。这将设置本服务器成为代理服务器，若不打算设置为代理服务器，此设置可不配置。

(2)编写设置正向解析域 biem. local 的区域配置文件。

先前在主配置文件 named. conf 中定义了一个正向解析的域 biem. local，指定了此域的配置文件是 biem. local. zone，所以也要设定这个域的配置文件 biem. local. zone。在工作目录/var/named/chroot/var/named 下创建这个配置文件，并对它的内容进行修改，命令如下。

```
#vi /var/named/chroot/var/named/biem.local.zone
```

①域设置。

```
$ORIGIN biem.local.
$TTL 86400
@       IN  SOA    ns.biem.local.   admin.biem.local(
                          2017020101
                          21600
                          3600
                          604800
                          86400 )
```

说明：

域配置文件中是以分号来作为批注语句标识符的，即注释标记。

修改这个配置文件时要注意，名称最后面没有加“.”的是主机名，名称最后面加了“.”的是全称域名(Fully Qualified Domain Name，FQDN)。

“$ ORIGIN”后面填域名。下面的“@”符号会引用这里填写的值。如果不填，则会引用主配置文件中 zone 语句后面的值。

“$ TTL”表示生存时间值，表示当其他 DNS 查询到本域的 DNS 记录时，这个记录能在它的 DNS 缓存中存在多久，单位为秒。24×60×60=86400 秒，就是说，设置的生存时间是 24 小时。

起始授权(Start of Authority，SOA)表明此名称 DNS 服务器为该 DNS 域中数据信息的最佳来源。后面的两个参数分别是主 DNS 服务器主机名和管理者邮箱。

括号内的第一个参数是序号，代表本配置文件的新旧，序号越大，配置文件越新。每次修改本文件后，都要将这个值改大。

第二个参数是刷新频率，表示从服务器隔多久会跟主服务器比对一次配置档案，单位为秒。21600 秒就是 6 个小时。如果比对发现主服务器比自己的序号新，那么就进行域更新。

第三个参数是失败重新尝试时间，单位为秒。3600 秒是 1 个小时。此设置表示刷新如果失败，1 小时后重试。

第四个参数是失效时间，单位为秒。604800 秒是 7 天。此设置表示当主服务器不工作 7 天后，它也将停止服务。如果主服务器升级或者搬迁或者故障，一般用不了这么长时间。

第五个参数表示其他 DNS 服务器能缓存否定回答的时间，单位为秒。否定回答指的是查询记录在域文件中不存在。

②添加解析记录。

```
@       IN  NS          ns.biem.local.
@       IN  MX  10     mail.biem.local.
ns       IN  A          192.168.125.1
mail     IN  CNAME      ns.biem.local.
www   IN  CNAME      ns.biem.local.
ftp      IN  CNAME      ns.biem.local.
win1     IN  A          192.168.125.20
linux1   IN  A          192.168.125.25
```

说明：

类型 NS 定义指定域的 DNS 服务器主机名(如 ns. biem. local)，不管是主 DNS 服务器还是从 DNS 服务器。

类型 MX 定义指定域的邮件服务器主机名(如 mail. biem. local)。MX 后面的数字为优先级，数字越小越优先。设置同样的优先级值则可以在多台邮件服务器之间进行负载分担。

类型 A 定义指定主机(如 ns)的 IP 地址。如果使用的是 IPv6 地址，则需使用类型 AAAA。

类型 CNAME 用于定义别名，通常用于同一台主机提供多个服务的情况。当要解析 WWW、FTP、Mail 3 种 IP 地址时，会解析成主机 ns. biem. local 的 IP 地址。可以直接设定某一台主机(如 forum. biem. local)的 IP 地址，同一台主机(如 travel. biem. local)也可以设定多个 IP 地址。

(3)编写设置反向解析域 125. 168. 192. in-addr. arpa 的区域配置文件。

先前在主配置文件 named. conf 中定义了一个反向解析的域 125. 168. 192. in-addr. arpa，指定了此域的配置文件是 192. 168. 125. zone，所以也要设置这个域的配置文件 192. 168. 125. zone。

在工作目录/var/named/chroot/var/named 下创建配置文件，命令如下，并对它的内容进行修改。

```
#vi /var/named/chroot/var/named/biem.local.zone
```

①域设置。

```
$ORIGIN 125.168.192.in-addr.arpa
$TTL 86400
@        IN  SOA    ns.biem.local.   admin.biem.local(

                          2017020101
                          21600
                          3600
                          604800
                          86400 )
```

配置说明与正向域一样。

②添加解析记录。

```
125.168.192.in-addr.arpa.      IN   NS     biem.local.
1.125.168.192.in-addr.arpa.     IN   PTR   ns.biem.local.
20.125.168.192.in-addr.arpa.    IN   PTR   win1.biem.local.
25.125.168.192.in-addr.arpa.    IN   PTR   linux1.biem.local.
```

说明:

类型 NS 定义指定网络地址对应的域名(如 biem.local.)。

类型 PTR 定义指定 IP 地址指向的主机域名。

4. 重新启动 named 服务,让配置生效

执行以下命令重新启动 named 服务。

```
#systemctl restart named-chroot
#systemctl info named-chroot
```

如果服务无法正常启动,通常是配置过程中出现了语法错误,请自行检查,或者执行以下命令查看具体错误信息。

```
#journalctl -xe
```

5. 配置客户端,测试 named 服务

(1)Linux 客户端配置。

在要配置的 CentOS Linux 7 客户端上,编辑网络配置文件/etc/sysconfig/network-scripts/ifcfg-#####,修改 DNS 服务器设置,把 DNS 服务器设置为安装了 DNS 服务的服务器 IP 地址,命令如下。

```
#vi /etc/sysconfig/network-scripts/ifcfg-#####
DNS1=192.168.125.1
```

保存并退出后,重启 NetworkManager 服务,命令如下。

```
#systemctl restart NetworkManager.service
```

如果当前不是 CentOS Linux 7 操作系统，可以修改/etc/resolv.conf 文件，把配置的 DNS 服务器 IP 地址添加到文件中。

```
nameserver 192.168.125.1
```

设置完成后，客户端就会到用户配置的服务器上进行域名解析。

继续之前，测试一下网络连通性，命令如下。

```
#ping -c 3 192.168.125.1
```

如果网络畅通，就可以进行域名解析测试了。

(2) Windows 客户端设置。

在网络设置中把 TCP/IPv4 设置中的 DNS 服务器地址设置为 192.168.125.1，如图 2-25 所示。

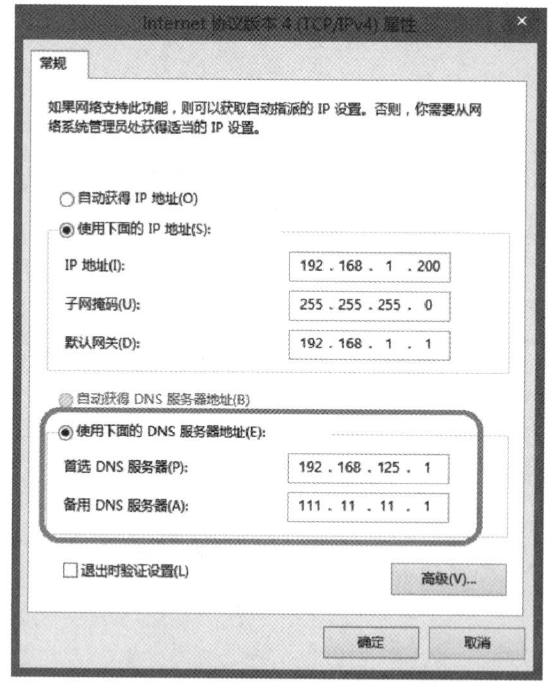

图 2-25　Windows 网络设置

把 Windows 客户端的 DNS 服务器指向刚配置好的服务器，然后在命令行执行以下命令，测试网络连通性。

```
Ping 192.168.125.1
```

(3) 进行 DNS 解析，测试服务器功能。

测试 DNS 服务器，需要 bind-utils 包中自带的命令。如果没有安装，则需要安装 bind-utils 包，命令如下。bind-utils 包的信息如图 2-26 所示。

```
#yum install bind-utils
#rpm -ql bind-utils
```

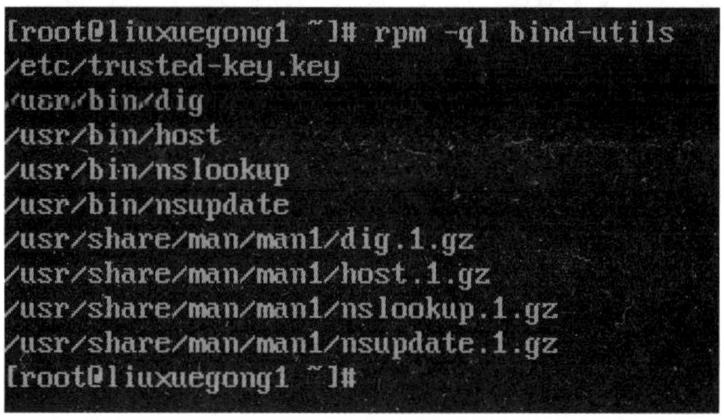

```
[root@liuxuegong1 ~]# rpm -ql bind-utils
/etc/trusted-key.key
/usr/bin/dig
/usr/bin/host
/usr/bin/nslookup
/usr/bin/nsupdate
/usr/share/man/man1/dig.1.gz
/usr/share/man/man1/host.1.gz
/usr/share/man/man1/nslookup.1.gz
/usr/share/man/man1/nsupdate.1.gz
[root@liuxuegong1 ~]#
```

图 2-26　bind-utils 包的信息

从图 2-26 中可以看出，工具包中包含了 3 个测试 DNS 服务的命令，即 dig、host、nslookup。其功能类似，这里以 host 作为示例。

在 Windows 操作系统下，可以使用“host 域名或者 IP 地址”进行解析。

“host”命令不仅能够用来查询域名，还可以得到其他更多相关的信息。

例如，“host”命令的用法如下。

```
#host www.biem.local
```

此命令查询域名 www. biem. local 对应的 IP 地址(正向查询)。

```
#host 192.168.125.1
```

此命令查询 IP 地址 192. 168. 125. 1 对应的域名(反向查询)。

```
#host -t mxbiem.local
```

此命令查询 biem. local 的 MX 记录，以及指定查询处理 Mail 中的信息记录。

```
#host -l biem.local
```

此命令查询所有注册在 biem. local 下的域名。

```
#host -a biem.local
```

此命令查询这个主机的所有域名信息。

在客户端执行以下命令，查询域名，测试 DNS 服务器是否能正常运行，结果如图 2-27 所示。

```
#host ns.biem.local
#host www.biem.local
#host ftp.biem.local
#host mail.biem.local
#host win1.biem.local
#host linux1.biem.local
```

```
[root@liuxuegong1 ~]# host ns.biem.local
ns.biem.local has address 192.168.125.1
[root@liuxuegong1 ~]# host www.biem.local
www.biem.local is an alias for ns.biem.local.
ns.biem.local has address 192.168.125.1
```

图 2-27　查询域名，测试 DNS 服务器的结果

接下来测试反向域 192. 168. 125. zone，执行命令“host IP 地址”进行反向解析。

```
#host 192.168.125.1
#host 192.168.125.20
#host 192.168.125.25
```

任务 3　配置 Web 服务器

在本任务中，我们要关注 3 个问题：Web 服务器是什么？为什么要使用 Web 服务器？怎样配置和管理 Web 服务器？

【知识储备】

2. 8　Web 服务器是什么/为什么要使用 Web 服务器

Web 服务就是平常所说的网站服务，是最为流行的网络服务，是为人们提供网站发布运行的基础平台。

Web 服务器软件就是提供网页服务的软件。我们制作的网站页面就像店铺中的商品，把它们放到店铺中就可以进行销售了。通常说的 Web 服务器，就像现实中的“商铺店面+进货仓储+运营销售+商品”一样，大致相当于“服务器硬件+服务器操作系统+Web 服务器软件+网站软件”的集成产物，而 Web 服务器软件是这块拼图中的关键一环。

从功能上看，Web 服务器软件类似于商家与顾客的关系，服务器是商家，是提供服务的角色，而网站的访问者则是顾客，是请求服务、接受服务、购买服务的角色。一台服务器可能提供多种网络服务，就像大商场里的很多柜台店面一样。为了区分这些服务，就像为每个公民提供身份证标识一样，计算机也为每个服务提供了不同的标识，称为端口地址，选择范围为 0~65535。常用服务有默认的端口地址，Web 服务的端口地址编号默认是 80。当网络“邮

包”投递到达时，只要查看端口地址，就知道是哪个服务的“邮包”了。

端口地址用来标识服务器上的服务，类似地，用来标识每个联网主机的是 IP 地址。每个服务器都至少具有一个 IP 地址，来作为自己在互联网上的唯一标识。通过 IP 地址+端口地址，我们就可以定位和访问指定服务器上的指定服务器了。用户的 IP 地址通常是动态获取的，每次联网都会随机获取，几乎次次不同；而服务器的 IP 地址通常是固定不变的。就像你可以四处旅行，但提供服务的商场是不能四处跑动的，对商场来说，搬一次家，通常就要遗失大量的客户。

用户访问一个 Web 服务器，就像到达了一个商场；访问网站，就像是到达了商场里卖不同类型商品的店铺；打开一个页面，就如同购买了一件商品。所以，当打开一个网页时，我们已经无意中提供了 3 个要素：服务器标识、服务标识和网页标识。当在浏览器地址栏输入地址时，URL 地址包含了这些要素。浏览器会向服务器发送电子“邮包”，在“邮包”上标记了收件人信息和发件人信息。“邮包”到达服务器，意味着用户的“购买”请求到达了商场；通过服务标识，这个“购买”请求会转送到对应的商铺；通过网页标识，商铺会对对应的网页(商品)进行处理，然后发货给请求的用户。用户接收后，网页显示在浏览器中，用户就看到了网页的内容。

目前，互联网网站的数量超过百万。按照网站主体性质的不同，可以分为政府网站、企业网站、商业网站、教育科研机构网站、个人网站等。各种主体需求不同，网站也就有不同的功能差别。可以说，在信息社会，任何企业、组织、团体甚至个人都有必要建立各自的 Web 站点。

1. 产品查询展示型网站

产品查询展示型网站的核心目的是推广产品(服务)，它是企业的产品展示框。本类网站利用网络的多媒体技术、数据库存储查询技术、三维展示技术，配合有效的图片和文字说明，将企业的产品(服务)充分展现给新老客户，使客户能全方位地了解公司产品。与产品印刷资料相比，网站可以营造更加直观的氛围和产品的感染力，促使商家及消费者对产品产生采购欲望，从而促进企业销售。

2. 品牌宣传型网站

品牌宣传型网站非常强调创意设计，而创意设计不同于一般的平面广告设计。网站利用多媒体交互技术、动态网页技术，配合广告设计，将企业品牌在互联网上发挥得淋漓尽致。本类网站着重展示企业形象、传播品牌文化、提高品牌知名度。产品品牌众多的企业可以单独建立各个品牌的独立网站，以使市场营销策略与网站宣传统一。

3. 企业电子商务网站

企业通过互联网对外工作，提供远程、及时、准确的服务，是企业电子商务网站的核心目标。本类网站可实现渠道分销、终端客户销售、合作伙伴管理、网上采购、实时在线服务、物流管理、售后服务管理等，它更进一步优化企业现有的服务体系，实现公司对分公司、经销商、售后服务商、消费者的有效管理，加速企业的信息流、资金流、物流的运转效率，降低企业经营成本，为企业创造额外收益。

4. 网上购物型网站

通俗来说，就是实现网上买卖商品，购买的对象可以是企业［企业对企业电子商务（Business to Business，B2B）］，也可以是消费者［企业对顾客电子商务（Business to Consumer，B2C）］。为了确保采购成功，本类网站需要有产品管理、订购管理、订单管理、产品推荐、支付管理、收费管理、送发货管理、会员管理等基本系统功能。复杂的物品销售、网上购物型网站还需要建立积分管理系统、客户服务交流管理系统、商品销售分析系统，以及与内部进销存打交道的数据导入导出系统等。本类网站不仅可以开辟新的营销渠道，扩大市场，还可以接触最直接的消费者，获得第一手的产品市场反馈，有利于市场决策。

5. 企业门户综合信息网站

企业门户综合信息网站是所有企业类型网站的综合，是企业面向新老客户、业界人士及全社会的窗口，是目前普遍的形式之一。本类网站用于企业的日常涉外工作，其中包括营销、技术支持、售后服务、物料采购、社会公共关系处理等。本类网站涵盖的工作类型多、信息量大、访问群体广，信息更新需要多个部门共同完成。本类网站有利于社会对企业的全面了解，但不利于突出特定的工作需要，也不利于展现重点。

6. 沟通交流平台

沟通交流平台利用互联网将分布在全国的生产、销售、服务和供应等环节联系在一起，改变过去利用电话、传真、信件等传统的沟通方式，可以实现以下功能：对不同部门、不同工作性质的用户建立无限多个个性化的网站；提供内部信息发布、管理、分类、共享等功能，汇总各种生产、销售、财务等数据；提供内部邮件、文件传递、语音、视频等多种通信交流手段。

7. 政府门户信息网站

政府门户信息网站是利用政务网（或称政府专网）和内部办公网络而建立的内部门户信息网，是为了方便办公区域以外的相关部门（或上、下级机构）互通信息、统一数据处理、共享文件资料而建立的。主要包括以下功能：提供多数据源的接口，实现业务系统的数据整合；统一用户管理，提供方便有效的访问权限和管理权限体系；可以方便地建立二级子网站和部门网站；实现复杂的信息发布管理流程。

2.9 Web服务器的选择

排在前三位的Web服务器是Apache、Nginx和Microsoft IIS。这里主要关注的是Apache和Nginx。

Apache是世界排名第一的Web服务器软件。它可以运行在大多数广泛使用的计算机平台上，由于其跨平台和安全性被广泛使用，是较流行的 Web 服务器端软件之一。Apache 起初由美国伊利诺伊大学香槟分校的国家超级电脑应用中心(NCSA)开发。此后，Apache 被开放源代码团体的成员不断地发展和加强。Apache 取自"a patchy server"的读音，意思是"充满补丁的服务器"。因为它是自由软件，所以不断有人来为它开发新的功能、新的特性，修改原来的缺陷。Apache 服务器拥有牢靠可信的美誉，大多数热门和访问量大的网站都使用 Apache 服务器。

Nginx(engine x)是一款轻量级的 Web 服务器，其特点是占用内存少，并发能力强。国内也有很多使用 Nginx 的网站用户。

国内各大网站使用的 Web 服务器如表 2-9 所示，多数基于或者直接使用 Apache 与 Nginx。

表 2-9　国内各大网站使用的服务器

网站	URL	使用的服务器
百度	http://www.baidu.com	BWS、Apache
新浪	http://www.sina.com.cn	Apache、MediaV、Nginx
搜狐	http://www.sohu.com	Apache、SWS、Nginx
网易	http://www.163.com	Nginx、Apache
淘宝	http://www.taobao.com	Tengine、Apache、Nginx
京东	http://www.360buy.com	JDWS、Apache
土豆	http://www.tudou.com	TWS 0.3、Nginx
迅雷	http://www.xunlei.com	Nginx

Apache 具备成熟的技术、出色的性能、完备的功能、较好的支持，适合任何环境下的需要。与 Apache 相比，Nginx 使用更少的资源、支持更多的并发连接、体现更高的效率，因而尤其受到虚拟主机提供商的欢迎。Nginx 是目前广受好评的 Web 服务器，保持着快速的增长。

【任务实践】

2.10　安装配置 Apache Web 服务器

2.10.1　任务描述

为了业务需要，公司需要建立企业网站作为企业形象的宣传工具。此外，人事部和市场部也需要建立自己的网站，作为业务平台使用。

由于暂时只有一个服务器购买到位，3 个网站暂时都部署在这台服务器上(IP 地址为 192.168.125.1)，如表 2-10 所示。

表 2-10　服务器部署信息

服务器名称	服务器信息	部署服务器域名
企业 Web 站点	公司业务门户站点	www. test1. com
人事部 Web 站点	人事部站点，企业内部专用	hr. test1. com
市场部 Web 站点	市场部站点，企业内部专用	mk. test1. com

假定公司域名是 test1. com，企业所属网段是 192. 168. 125. 0/24。

2. 10. 2　任务分析

为了节省费用和提高服务器的利用效率，可以在一台服务器上建立多台“主机”。每台主机都能对外提供 Web 服务，在外界看来是不同的网站，但对服务器而言，看似不同的网站，其实都是运行于同一台主机之上的不同的虚拟主机而已。

如何配置虚拟主机呢？Apache 的虚拟主机功能非常强大，而且配置很简单，主要分为基于 IP 地址、基于端口和基于域名的虚拟主机。

如果拥有很多 IP 地址，那么就可以为每个虚拟主机都分配一个不同的 IP 地址，这样，每个网站都可以使用默认的端口 80。

如果只有少量公网 IP 地址，那么就可以使用不同的端口作为标识，让不同的端口访问不同的虚拟主机。

如果所属 DNS 服务器配置好了，也可以使用域名区分不同的站点，来实施基于域名的虚拟主机。

2. 10. 3　配置步骤

安装前，为了防止防火墙和其他安全设置影响实验，执行以下命令。

(1) 如果开启了 iptables 防火墙，可以用“systemctl stop iptables”命令关闭。

(2) 如果开启了 firewalld 防火墙，可以用“systemctl stop firewalld”命令关闭。

(3) 如果开启了 SELinux 功能，可以用“setenforce 0”命令临时关闭。

```
#systemctl stop iptables
#systemctl stop firewalld
#setenforce 0
```

1. Apache Web 服务器的安装和测试

(1) 安装 Web 服务器。

Apache Web 服务器的服务名和软件包名称是 httpd。首先，检查此软件是否安装，如果没有安装，则需要先安装此软件，命令如下，结果如图 2-28 所示。

```
#yum info httpd
#yum install httpd
```

```
==========================================
Package                     Arch
==========================================
Installing:
 httpd                      x86_64
Installing for dependencies:
 apr                        x86_64
 apr-util                   x86_64
 httpd-tools                x86_64
 mailcap                    noarch
```

图 2-28　安装 Web 服务器结果

httpd 还需要 4 个辅助包，分别是 apr、apr-util、httpd-tools 和 mailcap，要一并安装。

(2)启动 Apache 服务，并设置为系统启动时自动启动，命令如下。

```
# systemctl start httpd. service
# systemctl enable httpd. service
```

(3)测试 Apache 服务器。

新建一个网页文件 index. html，存放到/var/www/html 目录下，内容任意，命令如下。

```
#echo"hello">/var/www/html/index. html
```

```
#yum info lynx
#yum install lynx
# lynx 127. 0. 0. 1
```

用“lynx”命令行浏览器工具来测试 Apache Web 服务器。如果尚未安装 lynx，可使用 yum 安装。

如果能看到默认 Web 页，如图 2-29 所示，则说明 Web 服务安装成功，可正常运行。

图 2-29　测试 httpd 服务结果

2. 默认网站的基本设置

Apache 网页服务器的主配置文件是/etc/httpd/conf/httpd. conf，这个文件包含下面 3 个部分。

- 全局环境设置：控制整个 Apache 服务器行为的部分(即全局环境变量)。
- 主服务器配置：定义主要或者默认服务参数的指令，也为所有虚拟主机提供默认的设置参数。
- 虚拟主机设置：虚拟主机的设置参数。

其中，一行写不下使用“\ ”表示换行，除了选项的参数值外，所有选项指令不区分大小写，“#”表示注释。

(1)备份原配置文件，再进行修改，命令如下。

```
#cd /etc/httpd/conf
#cp httpd. conf httpd. conf. bak
#vi httpd. conf
DocumentRoot "/var/www/html"
DirectoryIndex index. html index. htm
```

```
Listen 80
AddDefaultCharset GB2312
<Directory "/var/www/html">
  AllowOverride none
  Require all granted
</Directory>
```

说明：

“DocumentRoot”语句用来定义主目录，默认值是/var/www/html。也就是说，要发布自己的站点，可以把站点文件复制到/var/www/html 目录下；或者改变主目录的设置，修改到需要的网站目录。

“DirectoryIndex”语句用来设置默认文档，当用户访问网站时，通常并不写明具体访问哪一个网页文件。在浏览器中，输入 Web 站点的 IP 地址或域名，显示出来的就是网站默认 Web 页面。此语句一般会设置多个网页名称，当用户访问时，会按照设定顺序进行查找，第一个被找到的页面就作为默认文档交给用户访问。

“Listen”语句用来配置 Apache 监听的 IP 地址和端口号，如果不设定基于 IP 地址的虚拟主机，IP 地址通常省略，端口号默认是 80。

“AddDefaultCharset”语句用来设置默认字符集，“GB2312”是简体中文，可避免出现中文乱码。

“Directory”语句用来定义目录的访问限制。上例的这个设置是针对系统的根目录进行的，“AllowOverride None”表示不允许这个目录下的访问控制文件 .htaccess 来改变这里进行的配置，这个设置可以提升网站效率。

“Require”语句用来根据客户的来源控制访问，“all granted”表示允许所有的客户机访问这个目录，而不进行任何限制。

(2)单独创建虚拟主机的配置文件。

创建虚拟主机时，可以直接修改/etc/httpd/conf/httpd. conf 文件。但是由于主配置文件比较长，也比较重要，建议单独建立一个文件来配置虚拟主机。为了把配置文件包含到主文件中，要在主配置文件中添加一句“Include”语句，命令如下。

```
# cd /etc/httpd/
# mkdir vhost-conf.d
# echo "Include vhost-conf.d/* .conf">> conf/httpd.conf
# vi vhost-conf.d/test1.conf
```

这样，在 vhost-conf. d 目录下创建的后缀名为“. conf”的文件内容将自动包含到主配置文件 http. conf 里面。

注意：

添加“Include”语句使用的是两个“>”，表示附加，文件本身内容不改变；如果写成一个“>”号，意思就变了，表示把目标文件清空，然后写入内容。

(3)创建模拟测试用的 Web 站点。

创建 3 个网站的目录结构及测试用页面文件，命令如下。

```
# cd /var/www/html
# mkdir main
# echo "site1-main site">main/ index.html
# mkdir hr
# echo "site2-human resource dep"> hr/index.html
# mkdir mk
# echo "site3-market dep">mk/index.html
```

在主目录下创建公司网站的模拟测试网页，在 hr 目录下创建人事部网站的模拟测试网页，在 mk 目录下创建市场部网站的模拟测试网页，文件名都为 index. html，是每个站点的默认首页。

接下来，使用 3 种不同的方法来配置人事部和市场部的虚拟主机。

3. 使用不同的域名来配置虚拟主机

配置基于域名的虚拟主机，需要域名服务器来负责解析域名，服务器端和客户端的具体配置可以参考 DNS 服务器配置。本例中采用适用于少量名称解析的 hosts 文件来进行简单的解析，需要修改客户端的 hosts 文件设置。

使用 vi 编辑虚拟机配置文件 test1. conf，创建基于域名的虚拟主机。假设公司网站的域名为 www. test1. com，人事部网站的域名为 hr. test1. com，市场部网站的域名为 mk. test1. com。

```
#vi /etc/httpd/vhost-conf.d/test1.conf
```

(1)配置人事部网站的虚拟主机。

```
<VirtualHost * :80>
DocumentRoot /var/www/html/hr
ServerName   hr.test1.com
<Directory /var/www/html/hr>
  Require ip 192.168.125.0/24
</Directory>
</VirtualHost>
```

使用“DocumentRoot”语句设置人事部网站的主目录为/var/www/html/hr；使用“ServerName”语句设置网站的域名为 hr. test1. com；在 Directory 目录访问设置中，使用“Require”语句设置本网站只允许来自于 192. 168. 125. 0/24 网段的主机访问，这是公司内部网所使用的网段，即设置只允许企业内部访问。

(2)配置市场部网站的虚拟主机。

```
<VirtualHost * :80>
DocumentRoot /var/www/html/mk
ServerName  mk.test1.com
<Directory /var/www/html/mk>
Require ip 192.168.125.0/24
</Directory>
</VirtualHost>
```

市场部网站的设置类似于人事部网站，只是主目录和域名略有差异。

(3)配置公司网站的虚拟主机。

```
<VirtualHost * :80>
DocumentRoot /var/www/html/main
ServerName  www.test1.com
<Directory /var/www/html/main>
Require all granted
</Directory>
</VirtualHost>
```

公司网站的设置也类似，除了主目录和域名略有差别外，向所有访问者开放授权，而不是只允许公司的用户访问。

(4)重启 Apache，如果出错，可以查看错误信息进行排错，命令如下。

```
#systemctl restart httpd
#systemctl status httpd
```

(5)设置客户端域名解析。

如果域名服务器配置好了，可以在 test1. com 域中添加 www、hr、mk 3 条记录，指向主机 192. 168. 125. 1，并设置客户端网络设置中的 DNS 服务器指向配好的 DNS 服务器。具体方法参考 DNS 服务器配置步骤。

也可以使用简单一些的方法，在客户端的 hosts 文件中设置解析记录。在 Linux 操作系统下是/etc/hosts 文件，在 Windows 操作系统下是 C:\Windows\system32\drivers\etc\hosts 文件，在文件中添加 IP 地址与域名的对应记录，命令如下。

```
#vi /etc/hosts
192.168.125.1  www.test1.com
192.168.125.1  hr.test1.com
192.168.125.1  mk.test1.com
```

(6)测试虚拟主机。

记录添加完成后，执行“ping”命令测试名称解析和网络连通性，命令如下。

```
#ping www.test1.com -c2
#ping hr.test1.com -c2
#ping mk.test1.com -c2
```

如果能正常解析连通，接下来使用“lynx”命令访问测试 3 个网站。

```
#lynx www.test1.com
#lynx hr.test1.com
#lynx mk.test1.com
```

4. 使用不同的端口地址来配置虚拟主机

在同一台服务器上配置多个虚拟主机，最简单的方法就是使用不同的端口地址来建立基于端口的虚拟主机。

使用基于端口的虚拟主机的弊端，主要是当用户访问时必须输入端口地址，但是服务器又缺乏可以通知用户站点所使用端口的方法，结果就使外界用户难以访问。

需要向外界提供访问的公司站点，分配的端口是 Web 服务的默认端口 8082，也可以仍然使用 80，对外界用户来说不存在访问障碍；人事部站点和市场部站点由企业内部人员访问，可以使用 1024 之后的端口(1024 之前的端口保留给系统使用)。本例中可以任选两个端口作为各自站点的端口，8080 端口作为人事部站点使用，8081 端口作为市场部站点使用。这样内部员工也不存在通知上的困难，而且在一定程度上，也有防止非法用户访问的作用。

因此，针对此配置任务，使用基于端口的虚拟主机方案也可以较好地解决。

(1)配置 httpd.conf，增加 8080、8081、8082 端口的监听。

```
#vi /etc/httpd/conf/httpd.conf
Listen 192.168.125.1:8080
Listen 192.168.125.1:8081
Listen 192.168.125.1:8082
```

也可以不添加 IP 地址限制，直接使用“Listen 端口号”命令，这样访问测试时效果会略有差异。

(2)编辑虚拟机配置文件 test2.conf。

```
# vi /etc/httpd/vhost-conf.d/test2.conf
```

在虚拟主机配置文件中添加内容。

添加人事部虚拟主机配置，如下所示。

```
<VirtualHost 192.168.125.1:8080>
  ServerName hr.test1.com
  DocumentRoot /var/www/html/hr
<Directory /var/www/html/hr>
    Require ip 192.168.125.0/24
</Directory>
</VirtualHost>
```

添加市场部虚拟主机配置，如下所示。

```
<VirtualHost 192.168.125.1:8081>
  ServerName mk.test1.com
  DocumentRoot /var/www/html/mk
```

```
<Directory /var/www/html/mk>
  Require ip 192.168.125.0/24
</Directory>
</VirtualHost>
```

添加企业网站虚拟主机配置，如下所示。

```
<VirtualHost 192.168.125.1:8082>
  ServerName www.test1.com
  DocumentRoot /var/www/html/main
<Directory /var/www/html/main>
    Require all granted
</Directory>
</VirtualHost>
```

(3)重启 Apache，如果出错，可以查看错误信息进行排错。

```
#systemctl restart httpd
#systemctl status httpd
#journalctl -xe
```

如果之前没有关闭 SELinux，此时 httpd 服务会无法启动。执行以下命令，暂时关闭 SELinux 后再重新启动 Apache 服务器。

```
#setenforce 0
#systemctl restart httpd
```

(4)测试虚拟主机。

记录添加完成后，执行“ping”命令测试名称解析和网络连通性。

```
#ping 192.168.125.1 -c 2
```

如果能正常解析和连通，接下来使用“lynx”命令访问测试 3 个网站。

```
#lynx 192.168.125.1:8080
#lynx 192.168.125.1:8081
#lynx 192.168.125.1:8081
```

5. 使用不同的 IP 地址来配置虚拟主机

任务需要部署 3 个 Web 网站在同一台服务器上，需要配置虚拟主机。

网络规划中为服务器保留的地址是 192.168.125.1~192.168.125.9 共 9 个 IP 地址，因此，可以为每个网站分配一个独立的 IP 地址，分别为 192.168.125.2、192.168.125.3、192.168.125.4。

> 注意：
>
> 本范例主机的网卡设备名称是 ens33，如果用户虚拟机网卡设备名称不同，在下面的步骤中，要把 ens33 替换成用户的设备名称。

(1) 为虚拟机添加多个 IP 地址，命令如下，结果如图 2-30 所示。

```
#ifconfig ens33:1 192.168.125.2 up
#ifconfig ens33:2 192.168.125.3 up
#ifconfig ens33:3 192.168.125.4 up
#ifconfig
```

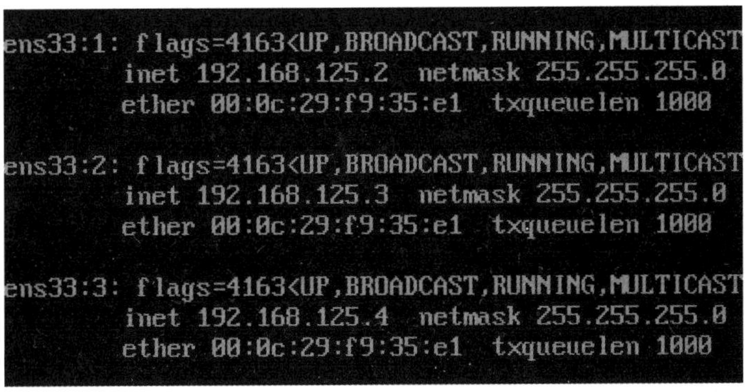

```
ens33:1: flags=4163<UP,BROADCAST,RUNNING,MULTICAST
        inet 192.168.125.2  netmask 255.255.255.0
        ether 00:0c:29:f9:35:e1  txqueuelen 1000

ens33:2: flags=4163<UP,BROADCAST,RUNNING,MULTICAST
        inet 192.168.125.3  netmask 255.255.255.0
        ether 00:0c:29:f9:35:e1  txqueuelen 1000

ens33:3: flags=4163<UP,BROADCAST,RUNNING,MULTICAST
        inet 192.168.125.4  netmask 255.255.255.0
        ether 00:0c:29:f9:35:e1  txqueuelen 1000
```

图 2-30　为虚拟机添加多个 IP 地址结果

因为此虚拟机只有一块网卡，命令中的“ens33:1”是为 ens33 设备添加的虚拟网卡，所以给服务器绑定了多个 IP 地址。有了多个 IP 地址后，就可以把多个网站绑定到不同的 IP 地址上，实现基于 IP 地址的虚拟主机设置。如果为虚拟机添加多块网卡，就可以为每块网卡设置不同的 IP 地址，效果类似。

(2) 编辑虚拟机配置文件 test3.conf。

```
# vi /etc/httpd/vhost-conf.d/test3.conf
```

添加人事部的虚拟主机配置(IP 地址为 192.168.125.2)。

```
<VirtualHost 192.168.125.2:80>
DocumentRoot  /var/www/html/hr
<Directory  /var/www/html/hr>
  Require ip 192.168.125.0/24
</Directory>
</VirtualHost>
```

添加市场部的虚拟主机配置(IP 地址为 192.168.125.3)。

```
<VirtualHost 192.168.125.3:80>
DocumentRoot  /var/www/html/mk
<Directory  /var/www/html/mk>
  Require ip 192.168.125.0/24
</Directory>
</VirtualHost>
```

添加企业网站的虚拟主机配置(IP 地址为 192.168.125.4)。

```
<VirtualHost 192.168.125.4:80>
DocumentRoot  /var/www/html/main
<Directory  /var/www/html/main>
  Require all granted
</Directory>
</VirtualHost>
```

(3)重启 Apache，如果出错，可以查看错误信息进行排错。

```
#systemctl restart httpd
#systemctl status httpd
#journalctl -xe
```

(4)测试虚拟主机。

记录添加完成后，在客户端执行“ping”命令，测试名称解析和网络连通性。

```
#ping 192.168.125.2 -c2
#ping 192.168.125.3 -c2
#ping 192.168.125.4 -c2
```

如果能正常解析和连通，接下来使用“lynx”命令访问测试 3 个网站。

```
#lynx 192.168.125.2
#lynx 192.168.125.3
#lynx 192.168.125.4
```

任务 4 搭建 LAMP 应用环境

在本任务中，我们要关注 3 个问题：LAMP 是什么？为什么要使用 LAMP？怎样配置 LAMP？

【知识储备】

2.11 网站技术与平台搭建

2.11.1 网络应用程序如何工作

网络应用程序有两种工作模式：C/S 模式(Client/Server)和 B/S(Browser/Server)模式。

C/S 模式是客户端/服务器模式，如手机淘宝等应用。这类应用程序一般是专门设计的应用程序，独立运行。

C/S 模式如图 2-31 所示。

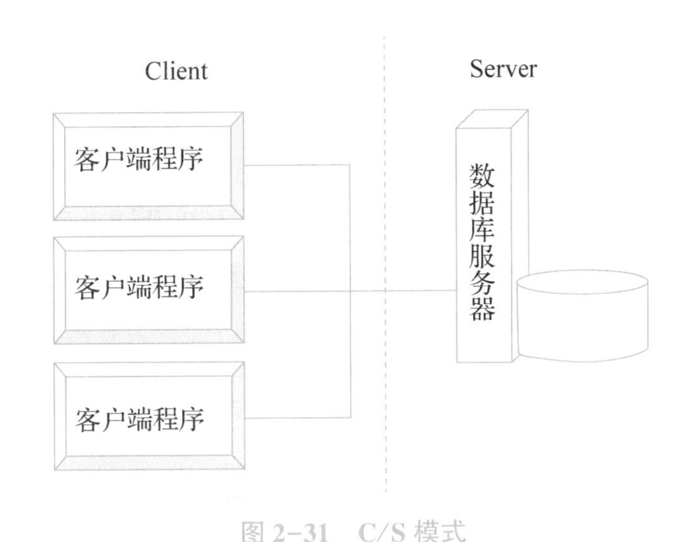

图 2-31 C/S 模式

B/S 模式是浏览器/服务器模式，是 C/S 模式的特例。区别在于，C/S 模式下，客户端和服务器都要开发专门的程序，通过网络通信协同工作；而 B/S 模式下，客户端不需要开发应用，所有的功能都在服务器开发，部署在 Web 网站上，在客户端使用浏览器来运行访问即可。B/S 模式如图 2-32 所示。

对比两种技术，B/S 模式具备较多的优点：开发成本低；管理和维护相对简单；产品升级便利，不需要升级客户端；用户使用方便，容易上手；出现故障的概率较小等。

当然，B/S 模式也存在不少问题。例如，使用开放标准，通过 Web 进行访问安全性不足；浏览器无法按意愿进行调整修改；浏览器产品种类过多，在应用开发时兼容性问题较为突出。

应用开发 Web 化是大趋势，所以 C/S 模式应用的开发，服务器也会尽量基于 Web 网站，工作模式与 B/S 模式通常也非常相似。

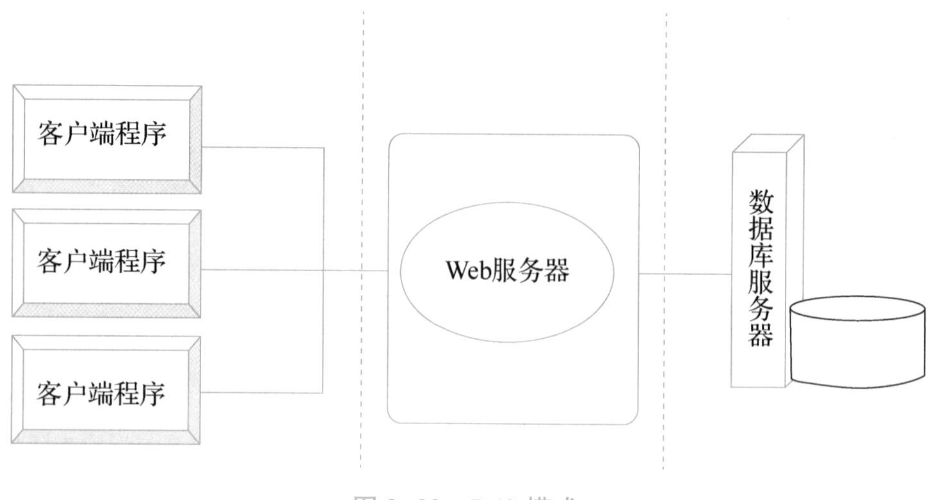

图 2-32　B/S 模式

2.11.2　动态网页技术

B/S 模式下，当访问服务器上的 Web 应用工作时，会通过 HTTP 向某一个在服务端存在的文件发送请求，Web 服务器会找到被请求的文件，并将其送回客户端浏览器。此时，回送的网页内容是固定的，如果要改变提供的信息，就需要重新设计页面。这些内容固定的网页，通常称为静态网页。静态网页的工作模式如图 2-33 所示。

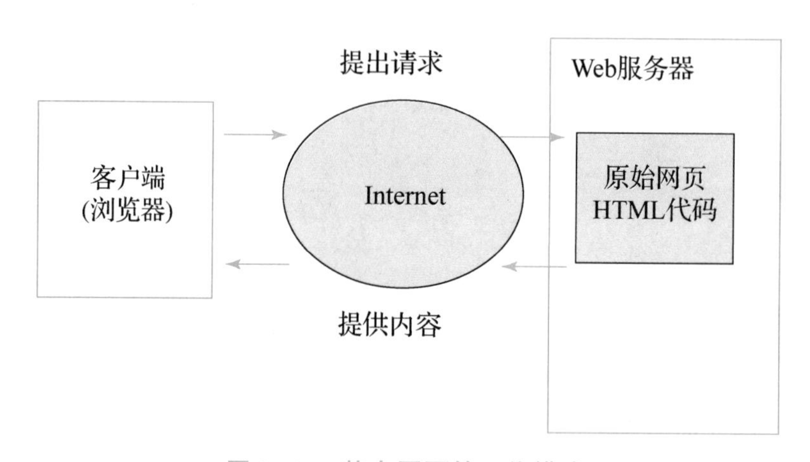

图 2-33　静态网页的工作模式

想象一下，新闻类站点上海量随时更新的新闻，购物网站上无限变动的商品，无数人随时交流的信息，难道需要为每一条信息都设计一个网页吗？信息的产生如此之快，数量又如此之大，根本来不及完成相应的网页设计。

为了解决这个问题，动态网页技术应运而生。

互联网上的信息几乎都存放在数据库中。动态网页技术的思路，简单来说，就是搭好框架，当用户访问时，根据请求的目标到数据库去提取相应的信息，填充到空的框架中，形成动态网页，然后送回客户端浏览器显示。

在现实生活中，如果去超市买十斤苹果，假如超市只有空空的柜台，临时去进货，然后摆出来卖给顾客，是不可行的。因为时间拖得太长，顾客是等不了这么久的。但在网络环境下，这种模式可以工作得很好。因为网络和计算机的执行速度很快，快到我们刚刚提出请求，填充好信息的网页瞬间就生成了。

动态网页的工作模式如图 2-34 所示。

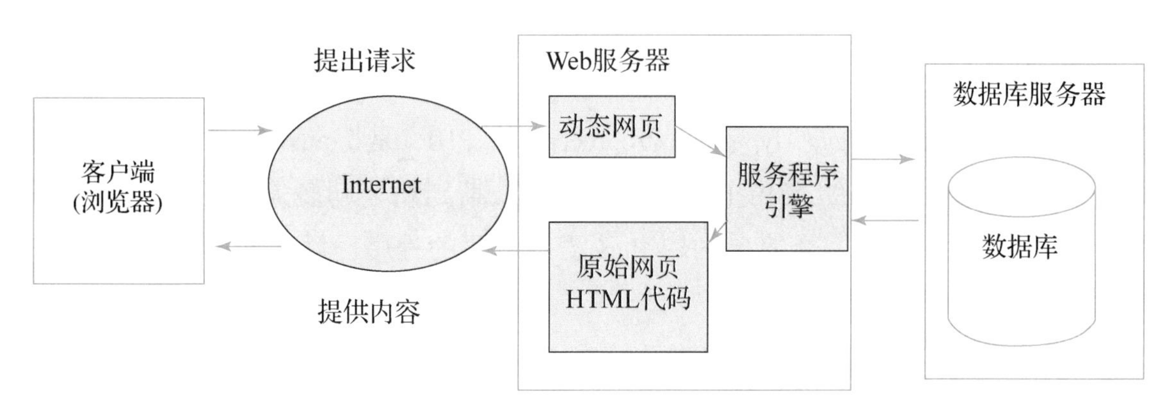

图 2-34　动态网页的工作模式

动态网页一般以 asp、jsp、php、aspx 等作为后缀名，而静态网页一般以 html、htm 等作为后缀名。

动态网站可以实现交互功能，如用户注册、信息发布、产品展示、订单管理等。

当客户端提交请求时，动态网页会开始执行，访问数据库、提取数据、生成网页，然后把生成的填充了最新数据的网页送回客户端。

动态网页中包含服务器端脚本，所以页面文件名常常会依据所使用的技术确定后缀，如 aspx、jsp、php 等。通过所使用的后缀名，可以大致了解服务器使用的技术，但不能把页面文件的后缀作为判断网站动态和静态的唯一标准。

有些网站使用 URL 静态化技术，把动态网页填充好数据，生成静态页面存放好，供用户访问。使用这种技术，在访问时因为不需要访问数据库，所以与静态网页一样快。同时，又能够根据不断变化的数据库信息快速生成和更新。

还有些网站使用了映射(Mapping)技术，不管网站本身使用哪种技术建设，都可以对名称进行映射。此时，后缀名可以随意定义，指向任何目标。

由于需要访问数据库提取数据，动态网站的访问速度会大大减慢。幸好，由于网络和服务器性能的极大提升，访速度总体来说还是可以接受的。

2.11.3　LAMP 简介

PHP 与 MySQL 数据库是绝佳的组合，而 Apache 服务器内置支持 PHP，所以在 Linux 平台下最流行的建立动态网站的平台就是 LAMP。即“Linux+Apache+MySQL+PHP”，Linux 作为系统平台，Apache Web Server 作为 Web 应用平台，MySQL 作为数据库支撑，PHP 作为编程环境的一体化应用平台。LAMP 的组成如图 2-35 所示。

图 2-35　LAMP 的组成

页面超文本预处理器(Page Hypertext Preprocessor，PHP)是 Linux 平台下最流行的动态网页技术之一。PHP 程序于 1994 年由 Rasmus Lerdorf(拉斯姆斯·勒多夫)创建，最开始是作者为了维护个人网页而制作的一个简单的用 Perl 语言编写的程序，后来又用 C 语言重新编写，包括数据库访问功能。

MySQL 是较流行的关系型数据库管理系统之一，在 Web 应用方面，MySQL 是最好的关系数据库管理系统(Relational Database Management System，RDBMS)应用软件。

MySQL 在 DB-engines 2017 年 3 月发布的数据库排名中位列第二。

在甲骨文(Oracle)公司收购了 MySQL 后，认为 MySQL 有闭源的潜在风险，因此开源社区采用分支的方式开发了 MariaDB。MariaDB 是目前最受关注的 MySQL 数据库衍生版，也被视为开源数据库 MySQL 的替代品。

MariaDB 和 MySQL 的标识如图 2-36 所示。

图 2-36　MariaDB 和 MySQL 的标识

MariaDB 的目的是完全兼容 MySQL，包括应用程序接口(Application Programming Interface，API)和命令行，使之能轻松成为 MySQL 的代替品。MariaDB 由 MySQL 的创始人 Michael Widenius(迈克尔·维德纽斯)主导开发，其命名来自他的女儿 Maria(玛丽亚)的名字。

LAMP 是企业最常用的服务之一，是非常稳定的网站架构平台。有时企业会使用 Nginx Web Server 代替 Apache，简称 LNMP；现在企业会更多地使用 MariaDB 来作为数据库支撑，它和 MySQL 一脉相承，配置基本一样。对“P”的解读，有时候不仅指 PHP，还包括脚本语言 Perl 和 Python。

【任务实践】

2.12 搭建简易 LAMP 环境

安装前，为了防止防火墙和其他安全设置影响实验，执行以下命令。

(1)如果开启了 iptables 防火墙，可以用“systemctl stop iptables”命令关闭。

(2)如果开启了 firewalld 防火墙，可以用“systemctl stop firewalld”命令关闭。

(3)如果开启了 SELinux 功能，可以用“setenforce 0”命令临时关闭。

(4)如果不确定是否开启，就把 3 条命令都执行一遍。

```
#systemctl stop iptables
#systemctl stop firewalld
#setenforce 0
```

2.12.1 安装 Apache

Apache 服务器安装后，基本上不加设置就可以正常运行。

(1)安装 Apache 服务。

```
#yum -y install httpd
```

(2)开启 Apache 服务。

```
#systemctl start httpd.service
```

(3)设置 Apache 服务开机启动。

```
#systemctl enable httpd.service
```

(4)验证 Apache 服务是否安装成功。

```
#echo"TestSite">/var/www/html/index.html
#lynx 127.0.0.1
```

2.12.2 安装 PHP

1. PHP 简介

PHP 是 Linux 操作系统下最流行的动态网页技术之一，拥有广泛的用户基础，是现在主流的建站选择。选择 PHP 的原因很多，以下是其中的一些。

(1)良好的安全性。

PHP 是开源软件，所有 PHP 的源代码每个人都可以看得到，代码在许多工程师手中进行了检测。同时，它与 Apache 编译在一起的方式也可以让它具有灵活的安全设定。PHP 具有公认的安全性能，开源造就了强大、稳定、成熟的系统。

(2)执行速度快、效率高。

PHP 是一种强大的公共网关接口(Common Gateway Interface，CGI)脚本语言，性能稳定快速，占用系统资源少，代码执行速度快。PHP 消耗相当少的系统资源。

(3)降低网站开发成本。

PHP 不受平台束缚，可以在 UNIX、Linux 等众多不同的操作系统中架设基于 PHP 的 Web 服务器。采用 LAMP 这种开源免费的框架结构，可以为网站经营者节省很大一笔开支。

(4)版本更新速度快。

与数年才更新一次的 ASP 程序相比，PHP 的更新速度要快得多，几乎每年更新一次。

(5)应用范围广。

目前在互联网有很多网站的开发都是通过 PHP 语言来完成的，如搜狐、网易和百度等。这些知名网站的创作开发中都应用到了 PHP 语言。

2. 部署和测试 PHP 环境

作为 LAMP 架构的组成部分，PHP 负责提供网站的服务器端应用环境。

(1)安装 PHP 和相关辅助包，命令如下，结果如图 2-37 所示。

```
#yum -y install php
```

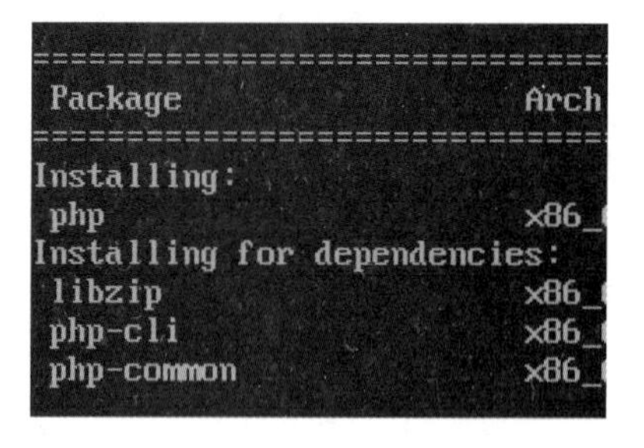

图 2-37 安装 PHP 结果

(2)重启 Apache 服务，让 PHP 生效，命令如下。

```
#systemctl restart httpd.service
```

Apache 服务默认支持 PHP，可以不做任何配置，就直接运行 PHP 程序。

(3)写一个 PHP 测试文件，命令如下。

```
#vi /var/www/html/info.php
```

其内容如下。

```
<? php phpinfo(); ? >
```

(4)测试 PHP 功能，命令如下，结果如图 2-38 所示。

```
#lynx 127.0.0.1/info.php
```

图 2-38　测试 PHP 功能结果

phpinfo()会输出 PHP 的一些信息，只要显示这些信息，就意味着 PHP 正常工作了。

如果修改 httpd.conf 中默认文档的设置，把 info.php 加入并放在排列最前面，在 URL 中就可以不用输入文件名了。

2.12.3　安装 MariaDB 数据库服务器

(1)安装 MariaDB。

```
#yum -y install mariadb-server mariadb
```

(2)开启 MySQL/MariaDB 服务。

```
#systemctl start mariadb.service
```

(3)设置开机启动 MySQL/MariaDB 服务。

```
#systemctl enable mariadb.service
```

(4)设置数据库的安全设置项。

```
#mysql_secure_installation
```

然后会出现一些信息，以下是几个交互项的提示。

提示输入项一：输入 MariaDB 数据库的 root 管理员密码，安装后 root 密码初始为空，所以直接按 Enter 键即可。

提示输入项二：是否设置 root 的密码，通常都会设置，建议选择“y”。

接下来输入两次设置的 root 密码，完成密码设置。

提示输入项三：删除匿名用户，建议选择“y”。

提示输入项四：一般 root 用户应该只允许本地登录管理，问是否禁止 root 用户通过网络远程登录，建议选择“y”。

提示输入项五：是否删除测试数据库 test 和相应的权限设置，建议选择“y”。

提示输入项六：完成删除后，是否更新数据库权限信息，选择“y”。

当配置结束时，可以通过输入“mysql -u root -p”的方式验证一下设置的 root 密码是否有效，命令如下，结果如图 2-39 所示。

```
#mysql -u root - p
```

```
[root@liuxuegong ~]# mysql -u root -p
Enter password:
Welcome to the MariaDB monitor.  Commands end wit
Your MariaDB connection id is 14
Server version: 5.5.52-MariaDB MariaDB Server

Copyright (c) 2000, 2016, Oracle, MariaDB Corpora

Type 'help;' or '\h' for help. Type '\c' to clear

MariaDB [(none)]> _
```

图 2-39　使用 root 用户连接数据库结果

输入刚才设置的密码，就可以看到数据库操作交互界面了。在此界面下，可以对 MariaDB 数据库进行各种操作。

2.12.4　安装 LAMP 环境的其他操作

(1)将 PHP 和 MySQL 关联起来。

```
#yum info php-mysql
#yum -y install php-mysql
```

想要让 PHP 应用访问 MySQL 数据库或 MariaDB 数据库，须安装 php-mysql 软件包。

(2)安装常用的 PHP 模块。

①安装常见的 PHP 功能插件，命令如下。

```
#yum -y install php-gd php-ldap php-odbc php-pear php-xml php-xmlrpc php-mbstring php-snmp
php-soap curl curl-devel
```

为了扩展和增强 PHP 的功能，需要安装常见的 PHP 功能插件。

②重启 Apache 服务，命令如下。

```
#systemctl restart httpd.service
```

③再次在浏览器中运行 info. php，会看到安装的模块的信息，命令如下。

```
#lynx 127.0.0.1/info.php
```

2.13 MariaDB 数据库的配置和使用

如果数据库尚未安装，使用“yum”命令进行安装。

```
#yum info mariadb
#yum install mariadb mariadb-server
#systemctl start mariadb
#systemctl enable mariadb
#mysql_secure_installation
#mysql -u root -p
```

使用“yum info”命令查看软件包信息，如果没有安装，使用“yum install”命令安装 MariaDB 数据库软件，之后使用“systemctl start”命令启动 MariaDB，使用“systemctl enable”命令将 MariaDB 设为开机自启动，使用“mysql_secure_installation”命令设置 root 密码。接着使用 MySQL 客户端程序测试登录服务器，MySQL 执行时要输入的密码就是刚刚使用“mysql_secure_installation”命令设置的密码。

2.13.1 数据库操作简介

1. 登录数据库

MariaDB 数据库服务的服务名是 mariadb，MySQL 数据库的服务名是 mysqld。检查服务是否正常运行，命令如下，结果如图 2-40 所示。

```
#yum info mariadb
#systemctl start mariadb
#systemctl status mariadb
```

```
[root@liuxuegong ~]# systemctl status mariadb
■ mariadb.service - MariaDB database server
   Loaded: loaded (/usr/lib/systemd/system/mar
   Active: active (running) since Mon 2017-04-
  Process: 3386 ExecStartPost=/usr/libexec/mar
```

图 2-40 查看 MariaDB 的服务状态结果

如果数据库服务运行正常，要访问管理服务器，需要先进行登录，验证用户身份。

一个 Web 网站可以建立很多虚拟主机，一个数据库服务器也可以建立很多数据库。这些数据库可能属于不同的用户，为了安全起见，需要验证用户身份，并对数据库进行合理授权。

登录数据库服务的客户端程序是 mysql，命令语法如下。

```
#mysql -h 主机地址 -u 用户名 -p 用户密码 -P 端口 -D 数据库 -e "SQL 内容"
```

-h：主机地址，指定要访问的数据库服务器的域名或者 IP 地址。

-u：用户名，指定使用什么用户进行登录。

-p：用户密码，指定用户的登录密码，通常留空不写，执行时再手动输入，这样更加安全。

-P：端口，指定要访问的数据库服务的端口号，默认是3306。

-D：数据库，指定目标数据库。

-e：结构查询语言(Structure Query Lauguage，SQL)语句，指定要执行的SQL命令。

例如，使用root用户访问MariaDB数据库，命令如下，结果如图2-41所示。

```
#mysql -u root -p
```

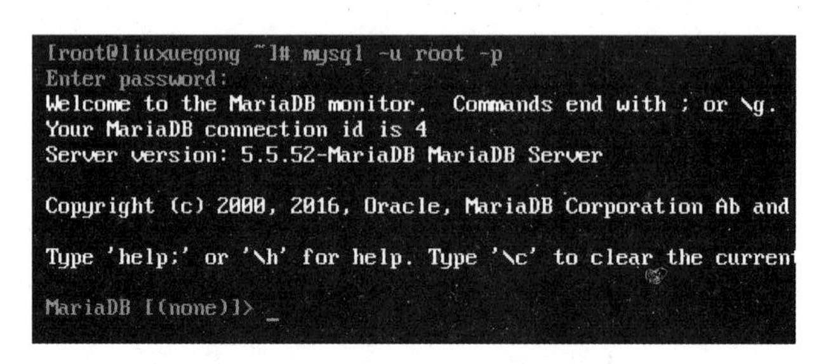

图2-41　使用root用户访问MariaDB数据库结果

刚安装时没有设置root密码，直接按Enter键即可。

此步骤后面的数据库操作都要提前执行，这里不再重复，在需要的地方自动添加即可。

 注意：

(1)执行数据库操作命令时，需要首先登录数据库服务器。

(2)数据库交互模式下，每条语句结尾加“;”。

2. 修改密码

修改密码的命令格式如下。

```
#mysqladmin -u 用户名 -p 旧密码 password 新密码
```

mysqladmin是管理MySQL的工具，-u用于指定用户名称，-p用于指定用户密码，password后跟新密码。

例如，设置初始密码并登录。

```
#mysqladmin -u root password lxg123456
#mysql -u root -plxg123456
```

使用mysqladmin设置密码时，因为开始时root没有密码，所以“-p 旧密码”一项就可以省略了。

设置好密码后，使用MySQL登录服务器。

注意：

-u 与用户名之间有空格，-p 与密码之间没有空格。

例如，将 root 用户的密码改为 lxg654321 并登录。

```
#mysqladmin -u root -plxg123456 password lxg654321
#mysql -u root -plxg654321
```

例如，修改 root 用户密码的另一种方法如下。

```
#mysql -u root -p
MariaDB>use mysql;
MariaDB [mysql]>update user set password=password("lxg123") where user='root';
MariaDB [mysql]>exit;
#mysql -u root -p
```

首先输入 root 用户的密码进行数据库服务器登录，登录成功后，提示符变为"MariaDB>"，开始进入数据库交互模式。MariaDB 的用户信息存放在 MySQL 数据库的用户信息(user)表中，可以直接操作 user 表来进行用户管理。"update user"表示更新 user 表，后面的命令表示把 root 用户的密码改为"lxg123"。设置完成后，执行"exit"命令退出数据库交互模式，回到命令行界面。接下来使用修改后的密码进行数据库服务器登录。

3. 添加 MySQL 用户

添加 MySQL 用户的命令格式如下。

```
grant select on 数据库.* to 用户名@ 登录主机 identified by \"密码\"
```

例如，增加一个用户 us1，密码为 lxg123，使其可以在任何主机上登录，并对所有数据库有查询、新增、修改、删除的权限。

用户信息存放在 MySQL 数据库的 user 表中，输入以下命令。

```
MariaDB>use mysql;
MariaDB [mysql]>insert into user(user,password) values("us1","lxg123");
MariaDB [mysql]>grant select,insert,update,delete on *.* to us1@'%'
identified by "test1";
MariaDB [mysql]>show grants for us1;
```

use mysql：打开 MySQL 数据库，可以对数据库进行操作。

insert into user：向 user 表添加新记录，user 字段的值设为 us1，password 字段的值设为 lxg123。

四大数据库操作包括新增记录(insert)、删除记录(delete)、修改记录(update)、查询记录(select)。要对服务器上某一数据库进行操作，需要根据用户身份进行对应权限的授权。

grant：授权命令。

select,insert,update,delete on ＊.＊：对服务器上的任意数据库要授予的操作权限。

to us1@'%'：授权对象是us1用户在任意主机上的登录。“%”是通配符，代表任意字符串。

identified by"test1"：设置此用户的密码为test1。

如果想为us1授予db1数据库的权限，但不设置密码，命令如下。

```
MariaDB [mysql]>grant select,insert,update,delete on db1.* to
us1@ localhost identified by "";
MariaDB [mysql]>show grants for us1;
```

如果没有创建db1数据库，需要先创建db1数据库再授权。

4. 创建数据库

要授予数据库的访问权限，需要先创建数据库。刚才要授予db1数据库的权限，但是数据库db1还没有创建。

例如，创建数据库db1命令如下。

```
MariaDB>create database db1;
```

例如，选择数据库(打开数据库)命令如下。

```
MariaDB>use db1;
MariaDB [db1]>
```

新建数据库和打开数据库结果如图2-42所示。

```
MariaDB [mysql]> create database db1;
Query OK, 1 row affected (0.31 sec)

MariaDB [mysql]> use db1;
Database changed
MariaDB [db1]> _
```

图2-42　新建数据库和打开数据库结果

 注意：

“use db1;”命令执行后，提示符变成了“MariaDB [db1]>”，表示当前打开操作的数据库是db1了。接下来，就可以对db1数据库执行增、删、改、查操作了。

5. 备份/恢复数据库

例如，把数据库db1备份到backupdb1.sql，命令如下，结果如图2-43所示。

```
#mysqldump -u root -plxg123 db1>/root/backupdb1.sql
#cat /root/backupdb1.sql
```

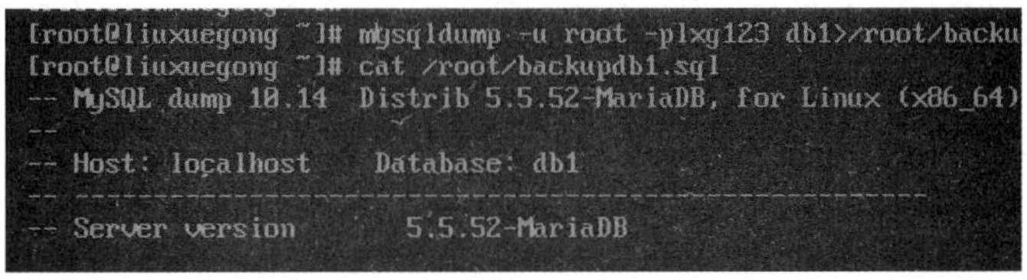

```
[root@liuxuegong ~]# mysqldump -u root -plxg123 db1>/root/backu
[root@liuxuegong ~]# cat /root/backupdb1.sql
-- MySQL dump 10.14  Distrib 5.5.52-MariaDB, for Linux (x86_64)
--
-- Host: localhost    Database: db1
-- ------------------------------------------------------
-- Server version       5.5.52-MariaDB
```

图 2-43 使用 mysqldump 备份数据库 db1 结果

例如，把 backupdb1. sql 中的信息恢复到数据库 db1。

如果目标数据库 db1 还不存在，就执行以下命令创建 db1 数据库。

```
#mysqladmin -u root -plxg123 create "db1"
```

在目标数据库服务器上执行“create db1”命令创建 db1 数据库后，把信息导入数据库。

```
#mysqldump -u root-plxg123 db1 </root/backupdb1. sql
```

使用 mysqldump 恢复数据库结果如图 2-44 所示。

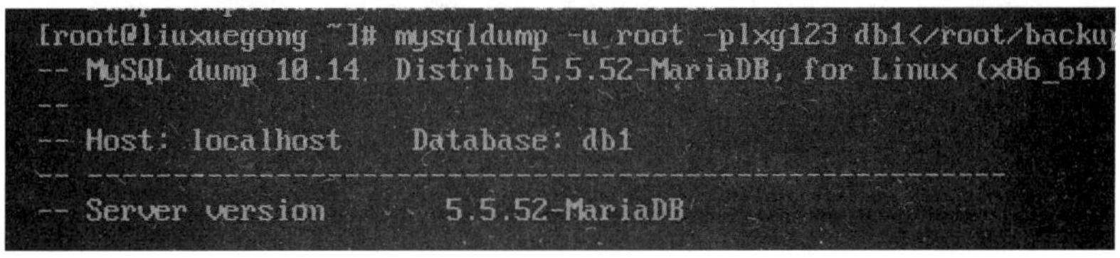

```
[root@liuxuegong ~]# mysqldump -u root -plxg123 db1</root/backu
-- MySQL dump 10.14  Distrib 5.5.52-MariaDB, for Linux (x86_64)
--
-- Host: localhost    Database: db1
-- ------------------------------------------------------
-- Server version       5.5.52-MariaDB
```

图 2-44 使用 mysqldump 恢复数据库 db1 结果

命令执行时，要把源数据库服务器和目标数据库服务器替换为当前配置的主机名或者 IP 地址。

备份时，“>”表示输出重定向，把要备份的信息输出到备份文件中；恢复时，“<”表示输入重定向，把备份文件的信息作为输入内容，存到指定数据库中。

例如，在本地主机上备份和恢复 db1 数据库。

备份时添加“--databases”选项，可以自动在备份文件中添加 SQL 建库命令。这样，恢复时就不需要手动建立数据库 db1 了，命令如下，结果如图 2-45 所示。

```
#mysqldump -u root -p --databases db1 >/root/backupdb11. sql
#cat /root/backupdb11. sql
```

```
--
-- Current Database: `db1`
--

CREATE DATABASE /*!32312 IF NOT EXISTS*/ `db1`

USE `db1`;
```

图 2-45 备份数据库时生成 SQL 建库命令结果

当恢复数据时，目标数据库服务器里没有 db1 数据库也不需要再创建。

```
#mysqldump -u root -plxg123 db1 < /root/backupdb11.sql
#ls -l /root/backupdb* .sql
```

恢复数据时，因为备份文件中有建立 db1 数据库的 SQL 命令，会自动执行命令创建并打开 db1 数据库，把数据导入数据库中。此时，无法导入其他名字的数据库，除非修改备份文件中自动生成的 SQL 命令。

例如，在本地主机上备份和恢复所有数据库。

```
#mysqldump -u root -plxg123 --all-databases >/root/backupdb111.sql
#mysqldump -u root -plxg123 </root/backupdb111.sql
#ls -l /root/back*
```

不同备份选项下的备份文件大小不同，如图 2-46 所示。

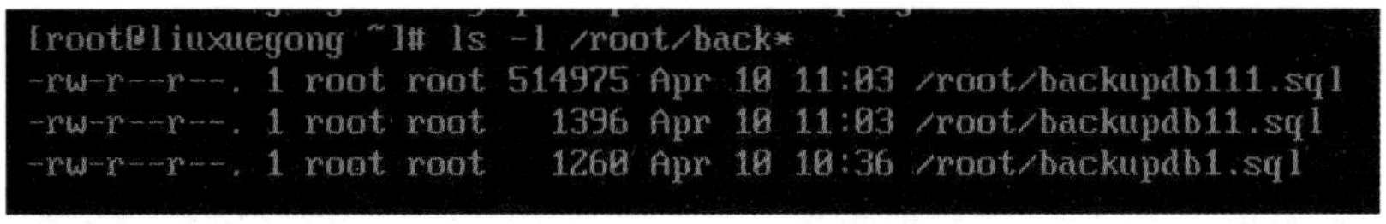

```
[root@liuxuegong ~]# ls -l /root/back*
-rw-r--r--. 1 root root 514975 Apr 10 11:03 /root/backupdb111.sql
-rw-r--r--. 1 root root   1396 Apr 10 11:03 /root/backupdb11.sql
-rw-r--r--. 1 root root   1260 Apr 10 10:36 /root/backupdb1.sql
```

图 2-46　不同备份选项下的备份文件大小

从 3 个备份文件大小可以看出，db1 的备份文件没有生成 SQL 语句，共 1260 字节；使用了“--databases”选项后生成的备份文件 backupdb11 生成了 SQL 语句，增大了 136 字节；而使用“--all-databases”选项备份所有数据库生成的备份文件 backupdb111 则达 500 字节以上。

6. 导入数据库文件的命令

部署数据库服务器时，通常会在源主机上生成数据库的结构建库语句后保存为 SQL 脚，然后在要部署的目标服务器上直接执行此 SQL 脚本，即可快速生成目标数据库。要执行此脚本快速建库，可执行以下指令。

```
MariaDB>source mysql.sql;
```

例如使用 use db2 打开数据库，使用“source”命令执行 SQL 脚本生成数据库。因为当前数据库中没有表，也没有数据记录，所以看不到明显效果。但是在实际部署的数据库中，通常包括几十个表和海量数据，此时就可以明显提升效率、降低工作量了。

2.13.2　MySQL 的常用命令

MySQL 操作数据库要使用大量的命令，这里列举常用的操作命令，如表 2-11 所示，试运行并分析命令效果。

表 2-11 MySQL 的常用命令

MySQL 的常用功能	命令语法
列出数据库	show databases;
选择数据库	use databaseName;
列出表格	show tables;
显示表格列的属性	show columns from tableName;
建立数据库	create database name; 或 source fileName;
删除数据库	drop database name;
进行授权	grant select on db1. * to us1@'%' identified by "1";
删除授权	revoke all privileges on *. * from us1@"%" delete from user where user="us1" and host="%"; flush privileges;
显示版本和当前日期	select version(),current_date;
查询时间	select now();
查询当前用户	select user();
查询数据库版本	select version();
查询当前使用的数据库	select database();
查询表的字段信息	desc 表名称;

注意：

命令中可以使用匹配字符，可以用通配符“_”代表任何一个字符，用通配符“%”代表任何字符串。

2.13.3 对数据库进行管理

对数据库的基本管理包括创建新表，对表中记录进行增、删、改、查操作，删除表等。例如，在数据库 db1 中创建表 students，命令如下，结果如图 2-47 所示。

```
use db1;
create table students
(
id int not null auto_increment,
name varchar(20) not null default 'student',
description varchar(20),
primary key ('id')
);
```

```
MariaDB [(none)]> use db1;
Database changed
MariaDB [db1]> create table students
    -> (
    -> id int not null auto_increment,
    -> name varchar(20) not null default 'student',
    -> description varchar(20),
    -> primary key(id)
    -> );
Query OK, 0 rows affected (0.05 sec)

MariaDB [db1]>
```

图 2-47　在 db1 数据库中新建表 students 结果

命令说明：

“create table”是创建表的命令，“students”是表名称，后面括号里面是表结构定义，字段间用逗号分隔，括号结束时，后面要加分号。

“id”“nam”“description”是字段名称。

id 字段设定中：“int”设置字段为整数类型；“not null”设置非空，意思是必须赋值；“auto_increment”设置自动递增，表示这种类型字段系统将自动加 1 赋值。

name 字段设定中：“varchar(20)”设置字符串类型，长度为 20；“not null”设置非空，“default 'student'”指定当没有赋值时，此字段默认值是 student。总的意思是，这个字段可以存放 20 字符长度的字符串，必须赋值，如果没有赋值，就设置值为默认值“student”。

description 字段设置字符串类型，长度为 20。

primary key 设置表的主键是 id 字段。

注意：

完成相应操作需要权限，如果没有足够权限，就需要进行授权后再执行。

例如，向 students 表新增 3 条记录，命令如下，结果如图 2-48 所示。

```
insert into students(name,description) values('liuxuegong','teacher');
insert into students(name,description) values('zhangsan','monitor');
insert into students(name,description) values('lisi','student');
```

```
MariaDB [db1]> insert into students(name,de
Query OK, 1 row affected (0.05 sec)

MariaDB [db1]> insert into students(name,de
Query OK, 1 row affected (0.00 sec)

MariaDB [db1]> insert into students(name,de
Query OK, 1 row affected (0.07 sec)
```

图 2-48　向 students 表中添加 3 条记录结果

命令说明：

使用“insert into students”命令向表 students 中添加 3 条记录。

如果添加所有字段的值，表名称后不需要跟字段名称列表。如果添加部分字段的值(所有必填字段必须赋值)，表名称后面必须附带要添加字段列表。

“values”后面跟的是各字段的值，如果表名称后有字段列表，值的顺序要与列表顺序一样，这样才可以对应赋值。如果表名称后面没有附带字段列表，则按照表的字段定义顺序一一对应。

auto_increment 类型字段由系统自动赋值。

下面的操作示例，都是从表 students 进行查询。

(1)显示 students 表的所有信息，命令如下，结果如图 2-49 所示。

```
select * from students;
```

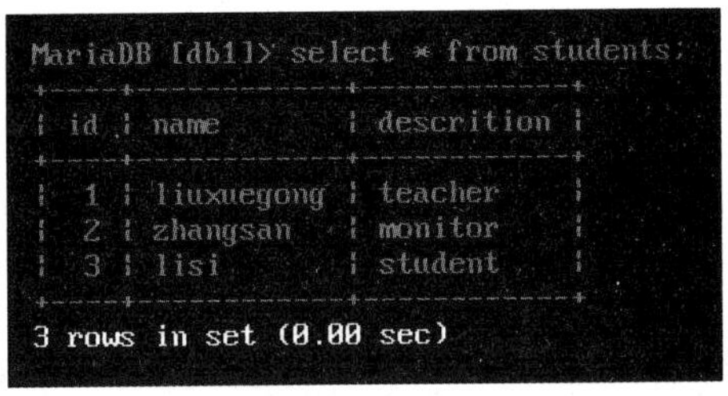

```
MariaDB [db1]> select * from students;
+----+------------+-----------+
| id | name       | descrition |
+----+------------+-----------+
|  1 | liuxuegong | teacher   |
|  2 | zhangsan   | monitor   |
|  3 | lisi       | student   |
+----+------------+-----------+
3 rows in set (0.00 sec)
```

图 2-49　查看 students 表的所有信息结果

命令说明：

“select”是查询命令，后面跟查询的字段列表，“ * ”代表所有字段。

“from”后跟要查询的表名称。

此命令表示查询 students 表中所有字段的信息，没有额外声明，返回对象就是查询得到的所有记录。如果只要第一条结果，可以在“select”后面加上“top 1”。

(2)显示 students 表中的所有人的序号和姓名，命令如下，结果如图 2-50 所示。

```
select id,name from students;
```

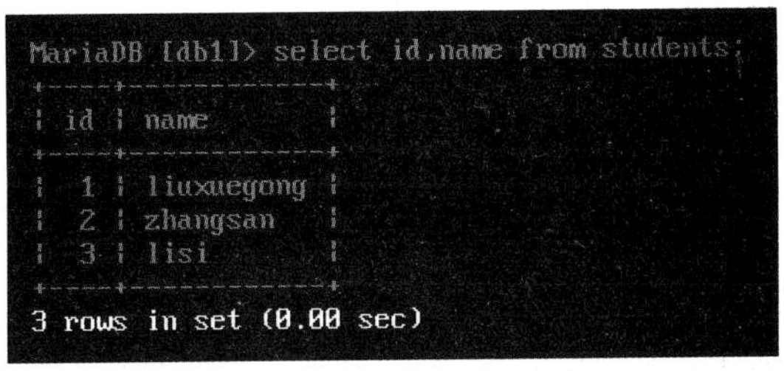

```
MariaDB [db1]> select id,name from students;
+----+------------+
| id | name       |
+----+------------+
|  1 | liuxuegong |
|  2 | zhangsan   |
|  3 | lisi       |
+----+------------+
3 rows in set (0.00 sec)
```

图 2-50　查看 students 表中所有人的序号和姓名结果

命令说明：

“select”后面跟查询的字段列表，各查询字段用逗号分隔。

“from”后跟要查询的表名称。

(3)显示 students 表中的所有的学生序号和姓名，命令如下，结果如图 2-51 所示。

```
select id,name from students where description='student';
```

```
MariaDB [db1]> select id,name from students where description='student';
+----+------+
| id | name |
+----+------+
|  3 | lisi |
+----+------+
1 row in set (0.00 sec)
```

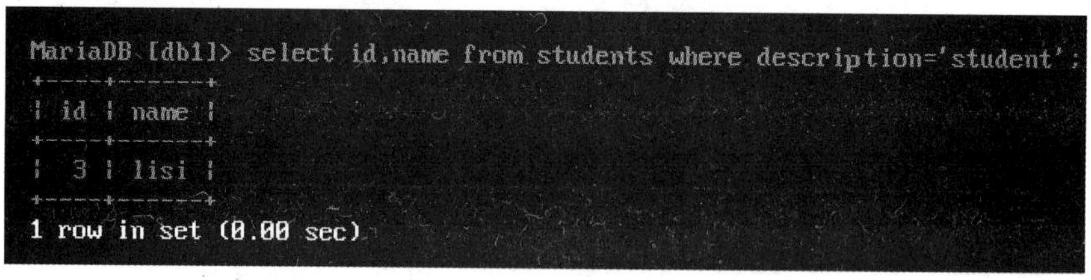

图 2-51　查看 students 表中所有学生序号和姓名

命令说明：

“where”后面跟查询的筛选条件，此处设置的条件是 description 字段的值为' student '。

（4）显示 students 表中所有学生和班长的序号和姓名，命令如下，结果如图 2-52 所示。

```
select id,name from students where description='student' or description='Ditor';
```

```
MariaDB [db1]> select id,name from students
    -> where description='student' or description='Ditor'
    -> ;
+----+----------+
| id | name     |
+----+----------+
|  2 | zhangsan |
|  3 | lisi     |
+----+----------+
2 rows in set (0.02 sec)
```

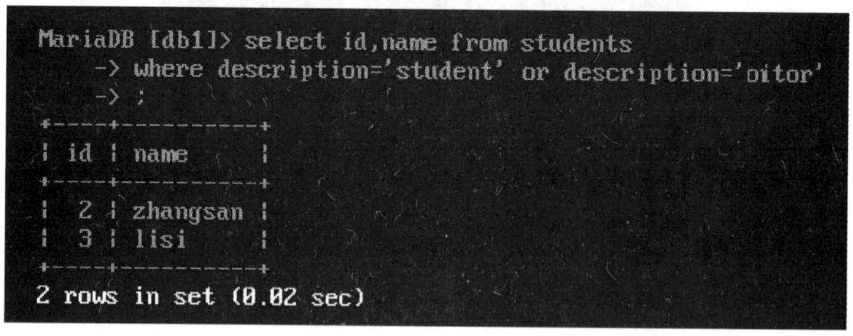

图 2-52　查看 students 表中学生和班长的序号和姓名结果

命令说明：

“where”后跟两个筛选条件，中间用“or”连接，表示或者的意思，两个条件满足任意一条即可，如果使用“and”，则表示两个条件要同时满足。

例如，从表 students 删除 lisi 的记录，命令如下，结果如图 2-53 所示。

```
select * from students where name='lisi';
delete from students where name='lisi';
select * from students where name='lisi';
```

```
MariaDB [db1]> select * from students where name='lisi';
+----+------+-----------+
| id | name | descrition |
+----+------+-----------+
|  3 | lisi | student   |
+----+------+-----------+
1 row in set (0.00 sec)

MariaDB [db1]> delete from students where name='lisi';
Query OK, 1 row affected (0.07 sec)

MariaDB [db1]> select * from students where name='lisi';
Empty set (0.00 sec)
```

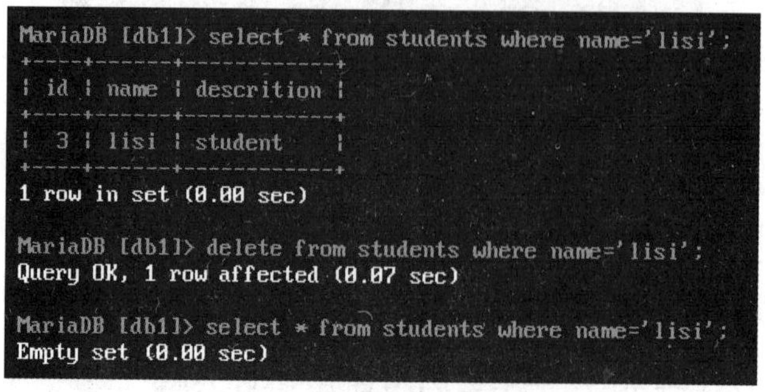

图 2-53　删除 students 表中 lisi 的记录结果

命令说明：

“delete”是删除命令。

如果不设置“where”条件，那么将删除表中的所有记录。

执行“select”命令是为了查看删除的效果对照，删除后可以看到，查询结果变成了“Empty”，说明 lisi 的记录已经被删除了。

例如，将 zhangsan 的 description 字段修改为' Banzhang '，命令如下，结果如图 2-54 所示。

```
select * from students where name='zhangsan';
update students set description='Banzhang' where name='zhangsan';
select * from students where name='zhangsan';
```

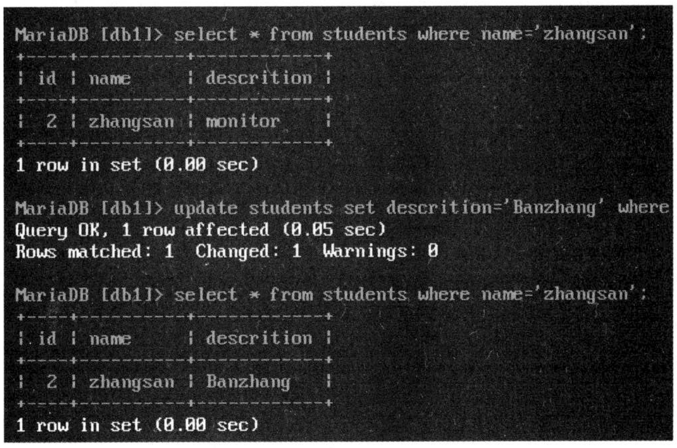

图 2-54　修改 students 表中 zhangsan 记录的 description 字段的值结果

命令说明：

“update”是修改更新命令，后面跟表名称 students。

“set”后面跟“字段名=值”，如果修改多个字段，用逗号分隔。

“where”设置过滤筛选的条件。

执行“select”命令是为了显示修改效果。

例如，删除表 students，命令如下，结果如图 2-55 所示。

```
show tables;
drop table students;
show tables;
```

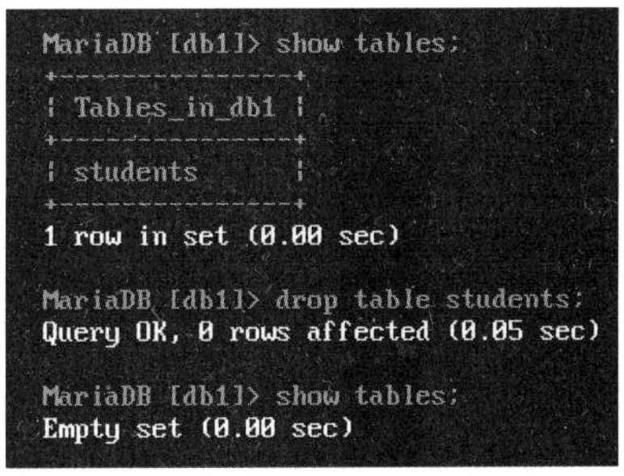

图 2-55　删除 students 表结果

命令说明：

“drop table”是删除表的命令。

“show tables”是查看所有表，用来显示命令效果。

删除后再查看表，可以看到结果是“Empty”，表示当前数据库已经没有表了，即唯一的表 students 已经被删除。

2.14 一键安装 LAMP

安装 LAMP 是在 Linux 操作系统下部署应用的开始，LAMP 的基本安装虽然并不困难，但是对于刚接触使用 Linux 的人来说，还是需要一个接受和学习的过程的。为了让不熟练的用户也可以方便地使用 LAMP 平台建设自己的应用，可以使用一键安装的方式部署 LAMP 环境。

2.14.1 LAMP 一键安装包简介

LAMP 非常普及，部署 LAMP 的一键安装包也有很多种。这里选择的是 teddysum 的 LAMP 一键安装脚本。该一键安装脚本的软件版本更新及时，支持 PHP 及数据库自选安装，支持 PHP 和数据库程序自助升级，安装方便，支持众多 PHP 插件，是构建性能优良 LAMP 环境的好选择。

在实际工作中，我们可以根据自己的建站要求，在脚本执行时选择合适的软件版本安装。

当然，也可以选择其他的一键安装工具。

1. 系统需求

内存不小于 512MB，硬盘至少有 2GB 以上的剩余空间，服务器必须配置好 yum 软件源和可连接外部互联网，必须具有系统 root 权限，建议使用干净系统做全新安装。

2. 组件支持

支持 PHP 自带的几乎所有组件。

支持 MySQL、MariaDB、Percona 数据库。

支持可选安装组件 Redis、XCache、Swoole、Memcached、ImageMagick、Graphics Magick、ZendGuardLoaderionCube PHP Loader。

3. 部分特性

自助升级 Apache、PHP、phpMyAdmin、MySQL/MariaDB/Percona 至最新版本。

使用“lamp”命令在命令行下新增虚拟主机，操作简便。

支持一键卸载。

2.14.2 使用一键安装包进行 LAMP 安装

> 注意:
>
> 不要在已经配置好 LAMP 环境的计算机上再进行此脚本的安装,以免造成混乱。建议在纯净 CentOS Linux 7 最小化安装环境下安装。

在企业环境下,安装前需要安装 wget、screen、unzip 工具,创建 screen 会话,命令如下。这样,在远程登录服务器安装 LAMP 环境时,即使连接中断,也不影响安装过程。如果是本地直接登录服务器安装,就不需要 screen 了。

```
#yum -y install wget screen unzip
```

(1)下载,解压,赋予执行权限。

```
#cd /root
#wget -O lamp.zip https://github.com/teddysun/lamp/archive/master.zip
#unzip lamp.zip
#cd lamp-master/
#chmod +x *.sh
```

使用"wget"命令下载 LAMP 的一键安装包 master.zip,使用"unzip"命令对 zip 文件进行解压,进入解压后的文件夹 lamp-master,为目录下的所有 .sh 脚本文件赋予执行(x)权限。

(2)安装 LAMP 一键安装包。

```
#screen -S lamp
#./lamp.sh
```

安装 LAMP 需要花费一定时间,如果步骤中某个命令执行了很长时间,就可能导致连接超时,从而中断对远程服务器的连接控制,使安装无法继续进行。在通过网络远程连接服务器时,使用 screen 会话可以保证即使连接会话中断,安装仍然继续进行。如果是在虚拟机上直接执行安装命令,就不用执行"screen"命令了。

2.14.3 LAMP 一键安装使用说明

(1)LAMP 默认安装设置。

使用一键安装软件包安装 LAMP 环境,会为每个组件进行配置。学习各服务的配置方法,可以有效增强对 LAMP 环境的掌握,也是学习 LAMP 的好方法。

根据用户选择,LAMP 环境各组件将自动安装。默认的网站根目录为/data/www/default,各功能组件目录如表 2-12 所示。

表 2-12　LAMP 功能组件目录

安装的功能组件	所在目录
MySQL	/usr/local/mysql
MySQL 数据库	/usr/local/mysql/data
MariaDB	/usr/local/mariadb
MariaDB 数据库	/usr/local/mariadb/data
Percona	/usr/local/percona
Percona 数据库	/usr/local/percona/data
PHP	/usr/local/php
Apache	/usr/local/apache

(2)各功能模块配置文件的位置如表 2-13 所示，Apache 日志文件的位置为/usr/local/apache/logs。

表 2-13　LAMP 各功能模块配置文件的位置

配置文件	位置
Apache SSL 配置文件	/usr/local/apache/conf/extra/httpd-ssl. conf
新建站点配置文件	/usr/local/apache/conf/vhost/domain. conf
PHP 配置文件	/usr/local/php/etc/php. ini
PHP 所有扩展配置文件	/usr/local/php/php. d/
MySQL/MariaDB 配置文件	/etc/my. cnf

(3)管理虚拟主机。

①创建虚拟主机。

```
#lamp add 虚拟主机名称
```

②删除虚拟主机。

```
#lamp del 虚拟主机名称
```

③列出虚拟主机。

```
#lamp list 虚拟主机名称
```

(4)软件升级。

①交互选择升级对象。

```
#./upgrade.sh
```

②升级 Apache。

```
#./upgrade.sh apache
```

③升级数据库 MySQL/MariaDB/Percona。

```
#./upgrade.sh db
```

④升级 PHP。

```
#./upgrade.sh php
```

⑤升级 phpMyAdmin。

```
#./upgrade.sh phpmyadmin
```

(5)卸载 LAMP。

```
./uninstall.sh
```

2.14.4 执行一键安装可能产生的问题

(1)安装完网站程序，升级或安装插件等报错，如何更改网站目录权限?

以 root 登录后，执行以下命令。

```
#chown -R apache:apache /data/www/域名/
```

(2)安装时因内存不足报错，不能完成安装怎么办?

当 RAM + Swap 的容量小于 480MB 时，直接退出脚本运行；当 RAM + Swap 的容量为 480~600MB 时，新增 PHP 编译选项--disable-fileinfo。

小于 512MB 的虚拟机建议开启 Swap，以加大内存容量上限。

(3)将 MySQL 数据库换成 MariaDB 数据库，应该怎样做?

备份所有数据库，执行以下命令。

```
#/usr/local/mysql/bin/mysqldump -u root -p 密码 --all-databases > /root/mysql.dump
```

卸载 LAMP，执行以下命令。

```
#lamp uninstall
```

重新安装 LAMP，选择 MariaDB。

安装完成后，恢复数据库内容，执行以下命令。

```
#/usr/local/mariadb/bin/mysql -u root -p < /root/mysql.dump
```

卸载 LAMP 时，是不会删除/data/www/default 的，也就是说，不会删除网站数据，但数据库会被删掉，因此需要备份。

考虑到程序兼容性问题，建议不要进行这类操作，换数据库一定要谨慎。应该事先就规划好用哪种数据库，选定后不要轻易更改。如果一定要换，一定要先掌握好备份和恢复数据库的相关技巧。

(4)如何更改网站的默认目录?

修改配置文件/usr/local/apache/conf/extra/httpd-vhosts.conf 中的 DocmentRoot 目录以及下面的 Directory，再重启 Apache 即可。

(5)如何卸载 phpMyAdmin?

如果不需要 phpMyAdmin，直接删除其目录即可。其默认安装位置是/data/www/default/phpmyadmin/。

(6)CentOS Linux 7 下安装完成后为什么打不开网站?

安装 LAMP 完成后，无法用 IP 地址访问网站。查看进程，发现 httpd 和 mysqld 也启动了，ping 也没问题，但就是无法访问。

这一问题通常是防火墙拦截请求造成的，可以暂时关闭防火墙再试一次。

```
#systemctl stop firewalld.service
```

上机实训 常用服务的配置和使用

本实训步骤自行设计，抓图记录每个操作步骤，并对结果进行简要分析，对遇到的故障和解决方法进行记录并分享。

可参照教材完成实训步骤设计。

为每一实训任务单独编写实训报告并提交。

1. 实训任务列表

任务一：使用安装光盘创建 yum 本地仓库。

任务二：DHCP 服务器的配置与管理。

任务三：DNS 服务器的配置与管理。

任务四：Web 服务器的配置与管理。

任务五：搭建 LAMP 环境。

任务六：数据库的基本操作。

任务七：使用一键安装脚本搭建 LAMP 环境。

2. 实训步骤(略)

参 考 文 献

[1] 艾明，黄源，徐受蓉. Linux 操作系统基础与应用[M]. 北京：人民邮电出版社，2019.

[2] 黄卫东，张岳，史士英. Linux 操作系统基础及实验指导教程[M]. 北京：中国水利水电出版社，2018.

[3] 王宝军. Linux 操作系统基础教程[M]. 北京：清华大学出版社，2019.

[4] 王良明. Linux 操作系统基础教程[M]. 3 版. 北京：清华大学出版社，2020.

[5] 张玲. Linux 操作系统：基础、原理与应用[M]. 2 版. 北京：清华大学出版社，2019.